规模化奶牛养殖技术

GUIMOHUA NAINIU YANGZHI JISHU

主编　武志红　张继安

内蒙古人民出版社

图书在版编目（CIP）数据

规模化奶牛养殖技术 / 武志红，张继安主编 . —呼和浩特：内蒙古人民出版社，2023.12（2025.6重印）

ISBN 978-7-204-17691-5

Ⅰ . ①规… Ⅱ . ①武… ②张… Ⅲ . ①乳牛－饲养管理 Ⅳ . ① S823.9

中国国家版本馆 CIP 数据核字 (2023) 第 157142 号

规模化奶牛养殖技术

作 者	武志红 张继安	
责任编辑	孙 超	
封面设计	陈 杰	
出版发行	内蒙古人民出版社	
地 址	呼和浩特市新城区中山东路 8 号波士名人国际 B 座 5 层	
网 址	http://www.impph.cn	
印 刷	内蒙古恩科赛美好印刷有限公司	
开 本	880mm×1230mm 1/32	
印 张	4	
字 数	200 千	
版 次	2023 年 12 月第1版	
印 次	2025 年 6 月第2次印刷	
书 号	ISBN 978-7-204-17691-5	
定 价	32.00 元	

如发现印装质量问题，请与我社联系。联系电话：(0471)3946120

《规模化奶牛养殖技术》
内容简介

为了做强奶业之基，推动奶牛养殖又好又快发展，推广先进的养殖技术，提升基层技术人员科技服务能力和奶牛养殖户劳动技能，内蒙古自治区农牧技术推广中心组织专业人员编写了《规模化奶牛养殖技术》，本书从奶牛品种资源、饲养与管理、繁殖育种、生产性能、粪污无害化处理、病死畜无害化处理技术、疫病预防控制技术、产品质量与生产安全等方面，采用通俗易懂的文字和直观形象的配图，对奶牛养殖过程的主要步骤进行了详细讲解，技术实用，可操作性强，便于奶牛养殖专业户和规模化养殖场管理人员了解和掌握奶牛饲养管理相关知识，解决生产中遇到的实际问题，提高奶牛科学养殖水平。

前言

　　奶业是畜牧业的重要组成部分，是农业现代化的重要标志，奶产业是国民经济重要组成部分，是关系国计民生的战略性产业，牛奶及其制品是亿万人民的健康饮食品类。近年来，随着人们健康认知转变和多年奶类消费科普教育，全民饮奶意识明显提高，奶消费量稳步提升。据统计数据，2019 年至 2021 年，全国居民人均奶类消费量分别为 12.5 公斤、13 公斤、14.4 公斤，同比分别增长 10.76%、4%，平均不足 50 克／天，距离《中国居民膳食指南》（2022）中推荐的奶摄入量 300~500 克／天，仍存在较大差距，意味着我国奶业消费市场未来潜力巨大。从产业结构看，2021 年我国奶源自给率仅为 62.9%，除液奶外，奶粉、干酪等奶制品仍以进口为主。而从消费者需求来看，对于奶酪、黄油等干乳制品需求逐步提升，这将会对乳品企业拓展业务范围起到促进作用。

　　近年来我国奶业的发展越来越多地表现出畜牧业固有的周期性，受制于消费增长的放缓，增长速度亦趋缓。我国乳企近年来不断积极布局上游，这使得我国奶牛养殖业的工业化、一体化等方面的水平不断提升，养殖场规模和数量双增长，但是奶业关注的核心仍是保证质量安全及稳定供应。受制于规模化程度，奶牛种源、苜蓿等饲草料依赖进口等一系列因素，养殖成本居高不下，从饲养成本来看，国产奶源并不具备优势。"畜牧发展，良种为先"，优良种质对畜牧业发展的贡献率超过 40%，畜牧业的核心竞争力很大程度体现在良种应用程度上。我国奶牛育种起步较晚，与发达国家相比，种质创新挖掘能力差，育种体系不健全，繁育新技术产业化应用程度低，生产性能差距较大，特别是存在种公牛及核心育种群遗传品质低、优质种质转化能力弱、缺乏国际竞争力等问题，直接影响了奶牛养殖经济效益与产业国际竞争力。因此，亟须培育优质种公牛，并通过先进的繁育技术手段实施精准的改良计划以实现自主育种能力提升。苜蓿是奶牛养殖的重要粗饲料，目前国内苜蓿种植基础条件差，种子长期依赖进口，良种扩繁滞后，优质苜蓿自给不足，亟须打造一批优质苜蓿生产基地，保障优质饲草料供应。

为适应奶牛养殖业发展新趋势，普及奶牛科学养殖技术，帮助解决奶牛饲养中遇到的有关技术问题，作者编写此书，着重就奶牛的营养需求、分群管理、奶牛的生产和卫生管理等进行了详细介绍，适合奶牛养殖户参考学习。由于时间仓促，书中难免存在不足，真诚欢迎广大读者批评指正。

目录

第一章 奶牛品种及特征

在世界范围内，专门化的奶牛品种相对较少，主要有荷斯坦牛、娟珊牛、瑞士褐牛等，其中饲养量最多、分布最广的是荷斯坦牛。其他多为乳肉兼用牛品种，主要有西门塔尔牛、三河牛等。

荷斯坦牛

1. 品种来源

在当今所有的奶牛品种中，荷斯坦牛是影响力最大的世界性奶牛品种，在全球各地区分布最广，存栏数量最多，以体形大、产奶量高、适应性广而著称，是世界公认的产奶性能最高的奶牛品种，在世界大多数国家的奶业生产中都占有主导地位。荷斯坦牛原产于荷兰，因毛色为黑白相间的花片，故又称黑白花牛，也有少量红白花牛。我国地方黄牛中没有专门的乳用品种，主要都是役用或役肉兼用的品种。中华人民共和国成立以来，根据我国奶业的发展需求，在原有荷斯坦牛与地方黄牛的杂交群体基础上，培育了我国自己的奶牛品种——中国荷斯坦牛，在目前我国饲养的奶牛中，85% 以上属中国荷斯坦牛，是我国奶牛的主要品种，在全国各地均有分布。

2. 体形外貌特征

中国荷斯坦牛体格高大、结构匀称、皮薄骨细、皮下脂肪少，乳房特别大，乳静脉明显，后躯较前躯发达，从侧望呈楔形，具有典型的乳用型外貌。被毛细短，毛色呈黑白斑块，界线分明，额部有白星，腹下、四肢下部（腕、跗关节以下）及尾帚为白色。

3. 产奶性能

据中国奶业协会官网数据，2021 年奶牛生产性能测定中心参测牧场（以荷斯坦为主）平均 305 天产奶量 10126 千克，乳脂率 3.93%，乳蛋白率 3.35%。

图 1-1 中国荷斯坦牛（公）　　　　图 1-2 中国荷斯坦牛（母）

三河牛

1. 品种来源

三河牛是我国培育的乳肉兼用品种，产于额尔古纳市三河地区（根河、得尔布尔河、哈布尔河）。三河牛源于很多品种（西门塔尔牛、西伯利亚牛、俄罗斯改良牛、后贝加尔土种牛、塔吉尔牛等），分别经复杂杂交、横交固定和选育提高而成。1986 年 9 月被内蒙古自治区人民政府正式命名为"内蒙古三河牛"。主要分布在呼伦贝尔草原地区。

2. 体形外貌特征

三河牛体质结实、肌肉发达，头清秀、眼大，角粗细适中，稍向前上方弯曲，胸深、背腰平直、腹圆大，体躯较长，乳房发育良好。毛色以红（黄）白花为主，花片分明，头部全白或额部有白斑，膝关节以下、腹下及尾梢为白色。

3. 生产性能

经奶牛生产性能中心测定平均乳脂率达 4.06%，乳蛋白在 3.31%，平均 305 天产奶量可达 5105.77 千克（2009 年）。

图 1-3 三河牛（公）　　　　　　　　图 1-4 三河牛（母）

新疆褐牛

1. 品种来源

新疆褐牛为乳肉兼用品种，其母本为哈萨克牛，父本为瑞士褐牛、阿拉托乌牛，也曾导入少量的科斯特罗姆牛血液，自 20 世纪 30 年代起历经 50 多年育成。其种群包括原伊犁地区的"伊犁牛"、塔城地区的"塔城牛"及新疆其他地区的褐牛。曾统称为"新疆草原兼用牛"，后于 1979 年全疆养牛工作会议上统一命名为"新疆褐牛"，1983 年通过鉴定正式更名。

主产于新疆伊犁和塔城地区。

2. 体形外貌特征

新疆褐牛体格中等、体质结实，被毛、皮肤为褐色，深浅不一。头顶、角基部为灰白或黄白色，多数有灰白或黄白色的口轮和宽窄不一的背线。角尖、眼睑、鼻镜、尾尖、蹄均呈深褐色。各部位发育匀称，头长短适中，额较宽、稍凹，头顶枕骨脊凸出，角大小适中，向侧前上方弯曲呈半椭圆形，角尖稍直。颈长短适中、稍宽厚，颈垂较明显。鬐甲宽圆、背腰平直较宽、胸宽深、腹中等大。尻长宽适中，有部分稍斜尖，十字部稍高，臀部肌肉较发达。乳房发育较好，乳头长短粗细适中，四肢健壮，肢势端正，蹄部坚实。

3. 生产性能

在舍饲条件下，新疆褐牛年产奶量为 2100 ～ 3500 千克，乳脂率 4.03% ～ 4.08%，乳干物质 13.45%，个别高的年平均产奶量可达 5212 千克。在放牧条件下，泌乳期约 100 天，年平均产奶量 1000 千克左右，乳脂率 4.43%。

图 1-5 新疆褐牛（公）

图 1-6 新疆褐牛（母）

中国草原红牛

1. 品种来源

中国草原红牛是乳肉兼用品种，以乳肉兼用的英格兰短角公牛与蒙古母牛杂交育成。它奶质优良，还有耐寒、抗病特性。中国草原红牛被毛为紫红色或红色，体格中等、身体匀称。该品种抓膘快，且遗传性能稳定。中心产区在内蒙古锡林郭勒盟和赤峰市。

2. 体形外貌特征

被毛为紫红色或棕红色，部分牛的腹下或乳房有小片白斑。体格中等，头较轻、角细短向上方弯曲。颈肩结合良好、胸宽深、背腰平直、四肢端正，蹄质结实，乳房发育较好。成年公牛体重 700～800 千克，母牛为 450～500 千克。犊牛初生重 30～32 千克。

3. 产奶性能

中国草原红牛产奶性能良好，各胎次平均泌乳天数 180～200 天，年产奶量 1100～1600 千克。在放牧和适当补饲条件下，年产奶量一胎 1000 千克以上，二胎 1200 千克以上，三胎和三胎以上 1400 千克以上。乳脂率 4.11%，乳蛋白率 4.27%，乳糖率 4.05%。

图 1-7 草原红牛（公）

图 1-8 草原红牛（母）

西门塔尔牛

1. 品种来源

西门塔尔牛是乳肉兼用品种，原产于瑞士西部的阿尔卑斯山区，原为役用品种，因社会发展需要，经过长期选育形成乳肉兼用品种。目前已有 30 多个国家饲养西门塔尔牛，成为仅次于荷斯坦奶牛的世界第二大奶牛养殖品种。在内蒙古锡林郭勒草原和西辽河流域地区都有大量分布。

2. 体形外貌特征

西门塔尔牛毛色多为红白花或黄白花，头部、四肢、腹部及尾梢为白色。体躯丰满，肌肉发达。额部较宽，颈长充实，前躯发达，中躯深长，胸部宽深，肋骨开张，鬐甲较宽，尻长而平，乳房发达，四肢粗壮。成年公牛体重 1000～1300千克，母牛 600～800 千克。

3. 产奶性能

西门塔尔牛具有很高的产奶性能，年产奶量在4400～4700 千克。乳脂率 4%～4.2%，乳蛋白率 3.5%～3.9%。

图 1-9 西门塔尔牛（公）　　　　图 1-10 西门塔尔牛（母）

娟珊牛

1. 品种来源

娟珊牛属小型乳用品种，是英国的一个古老的奶牛品种，原产于英吉利海峡南端的娟姗岛（也称哲尔济岛），其育成史已不可考，有人认为是由法国的布里顿牛和诺曼底牛杂交繁育而成。属进口品种，在我国河北、甘肃、内蒙古等地均有分布。娟姗牛温顺、耐粗饲，耐高温、高湿。食物摄入量约为荷斯坦奶牛的 60%。犊牛易养，出生后在饲养员的调教下一两分钟就会吃奶，两三天后就可自行饮奶，一周左右就会吃精料，20 多天就可吃粗料。犊牛成活率为 97.58%。

2. 体形外貌特征

娟姗牛体形小，头小而清秀、额部凹陷，两眼突出、耳大而薄、鬐甲狭窄，肩直立、胸深宽、背腰平直、腹围大，尻长平宽、尾帚细长，四肢较细、关节明显、蹄小。乳房发育匀称，乳静脉粗大而弯曲，后躯较前躯发达，体形呈楔形。被毛细短而有光泽，毛色为深浅不同的褐色，以浅褐色为主。鼻镜及舌为黑色，嘴、眼周围有浅色毛环，尾帚为黑色。

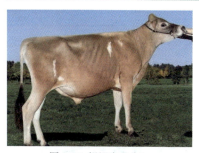

图 1-11 娟姗牛（公）

图 1-12 娟姗牛（母）

3. 产奶性能

娟姗牛奶最大的优点就是乳质浓厚，乳脂、乳蛋白含量均明显高于普通奶牛，优质乳蛋白含量达 3.5% 以上，乳脂率为 5.5% ～ 6%，一般年平均产奶量超 3500 千克。

爱尔夏牛

1. 品种来源

爱尔夏牛属于中型乳用牛，原产于英国爱尔夏郡。爱尔夏牛起源于苏格兰，后于 1837 年引入美国。我国广西、湖南等省区曾有引进。由于该品种性格精神质，不易管理，如今饲养量不多。

2. 体形外貌特征

爱尔夏母牛为红白花牛，其红色有深有浅、变化不一。角细长、形状优美，角根部向外方凸出、逐向上弯，为蜡色，角尖呈黑色。体格中等、结构匀称、被毛为红白花，有些牛白色占优势。该品种外貌的重要特征是奇特的角形及被毛有小块的红斑或红白毛，鼻镜眼圈浅红色，尾帚白色，乳房发育匀称，呈方形，乳头中等大小，乳静脉明显。

图 1-13 爱尔夏牛（公）　　　图 1-14 爱尔夏牛（母）

3. 产奶性能

成年公牛体重约 800 千克，母牛体重约 550 千克。犊牛初生重 30 ～ 40 千克。爱尔夏牛的产奶量一般低于荷斯坦牛，但高于娟姗牛，美国爱尔夏牛年平均产奶量为 5448 千克，乳脂率 3.9%，有高产的爱尔夏牛年平均产奶量可达 7718 千克，乳脂率 4.12%。

瑞士褐牛

1. 品种来源

瑞士褐牛属乳肉兼用品种，原产于瑞士阿尔卑斯山区，主要在瓦莱斯地区。由当地的短角牛在良好的饲养管理条件下，经过长时间选种选配而育成。美国于 1906 年将瑞士褐牛育成为乳用品种，到 1999 年，美国乳用瑞士褐牛 305 天平均产奶量达 9521 千克（成年当量）。瑞士褐牛成熟较晚，一般 2 岁才配种。耐粗饲，适应性强，北美和北欧均有饲养。瑞士褐牛对新疆褐牛的育成起过重要作用。

图 1-15 瑞士褐牛（公）

图 1-16 瑞士褐牛（母）

2. 体形外貌特征

瑞士褐牛体形高大，被毛为褐色，有浅褐、灰褐至深褐色，在鼻镜四周有一浅色或白色带，鼻、舌、角尖、尾帚及蹄为黑色。头宽短，额稍凹陷、颈短粗、垂皮不发达，胸深、背线平直、尻宽而平，四肢粗壮结实，乳房匀称，发育良好。成年公牛体重约为 1000 千克，母牛 500～550 千克。

3. 产奶性能

瑞士褐牛年产奶量为 2500～3800 千克，乳脂率为 3.2%～3.9%。

第二章　奶牛常用饲料及加工调制

第一节　奶牛的营养需求

养殖奶牛是以收取牛奶为目的，但是奶牛产奶是建立在满足自身需求之后再来满足牛奶的生产，即所谓的"营养需要＝维持＋生产"。所以饲料的营养物质首先要保障奶牛自身的需要，在此基础之上再谈产奶需要。另外，母犊牛是日后的奶牛，其健康状况直接影响到其日后的产奶情况，所以，在母牛妊娠期间就要保证供给对胎牛发育足够的营养，保证生产出健壮的犊牛，为产奶打好基础。所以奶牛需要营养物质来维持自身新陈代谢、机体组织构成、犊牛发育和产奶创造经济价值的需求，即奶牛的营养需求包含了自身的营养需求、胎牛的营养需求和产奶的营养需求三个主要部分。

奶牛的营养需求从营养物质分类上来说可以归结为六大营养物质，即水、粗灰分、粗蛋白质、粗脂肪、粗纤维、无氮浸出物。此外，一些非营养物质作为重要的生理生化调节物质，可称其为"活性物质"，也需要获得足够的补充。各项营养物质及其功能详见下表。

表 2-1　奶牛需要的营养物质组成和功能简表

	包括的成分	主要功能
水	自由水、结合水	动植物机体组成、营养物质溶剂
粗灰分	常量矿物质元素、微量矿物质元素	动物骨骼构成，动植物代谢调节、参与酶结构
粗蛋白质	真蛋白质、非蛋白含氮物	动植物器官组成、代谢调节
粗脂肪	真脂肪、类脂	动植物的能量储存物质
粗纤维	纤维素、半纤维素、果胶、木质素	植物的结构物质、奶牛的能量来源
无氮浸出物	淀粉、单糖、寡糖	动植物的能量供给
活性物质	维生素、酶等	动植物的代谢调节

第二节　奶牛的消化系统结构

奶牛属于反刍动物，其生理结构与猪、鸡等单胃动物有着本质上的区别，与单胃动物最大的区别是消化系统的结构和功能，这就决定了奶牛的饲料结构、消化过程的独特性，反刍动物消化系统的特点主要体现在瘤胃上。

奶牛的营养物质来源要复杂得多，由于奶牛有一个结构复杂的胃，包括瘤胃、网胃、瓣胃、皱胃（真胃）4 个部分，为奶牛提供了足够的空间和时间去处理相对难消化的饲料。其中网胃的主要功能如同筛子，随着饲料吃进去的重物，如钉子和铁丝，都存在其中。瓣胃主要功能在阻留食物中的粗糙部分，继续加以磨细，并输送较稀部分入皱胃，同时吸收大量水分和酸，功能类似单胃动物的胃，与前胃不同的是，该胃附有消化腺体，可分泌消化酶，具有真正意义上的消化功能，因此被称为真胃，同时也被称为"腺胃"。但对于反刍动物而言瘤胃的功能是最重要的。

瘤胃占 4 个胃容量的 80% 以上，如同一个大的有吸收功能的皮囊，瘤胃襞由强大的纵向环状肌肉组成，能强烈地收缩与松弛，表现出节奏性的蠕动，完成搅拌其内食物的功能；胃黏膜上有许多乳头状突起，背囊部有特别发达的"黏膜乳头"，以揉磨食物；瘤胃内存在着具有大量共生关系的纤毛虫、细菌，它们对饲料中纤维素、蛋白质的分解及无机氮的利用起着极其重要的作用。瘤胃液中含有大量的微生物，正是这些微生物的存在和对饲料纤维物质的降解发酵，才使得反刍动物能够大量地利用粗饲料作为营养物质的来源。瘤胃微生物还能合成大多数 B 族维生素，因此，人们通常将瘤胃称为"饲料发酵罐"。同时，瘤胃中的微生物在发酵过程中会对饲料中的绝大部分营养物质进行降解，并重新合成微生物所需的相应养分，这就会改变饲料的品质，所以奶牛饲料不是直接满足奶牛需求的，而是在瘤胃内通过微生物的发酵作用，让微生物提供的代谢产物最大程度满足奶牛的营养需求。如果瘤胃的内环境、微生物区系改变，或者瘤胃的吸收功能受到影响，都会影响到瘤胃的发酵和吸收效果，对饲料的利用和转化就会随之改变。由于饲喂制度和饲料原料的变化，维持瘤胃功能的稳定性是十分重要的，这就需要利用一些调节剂来改善瘤胃的功能。所以在奶牛的饲料成分里既要有能够满足养分供给的营养物质，又要有用来调节瘤胃发酵和代谢的非营养物质。

第三节　奶牛饲料成分

按营养种类来源分，可以喂养奶牛的饲料有能量饲料、蛋白质饲料、矿物质饲料、维生素及饲料添加剂等。按饲料成分来分，常用的奶牛饲料可以分为粗饲料和精饲料两类。粗饲料是反刍动物的基础饲料，常见的干草、作物秸秆等都是粗饲料，不仅可以供给奶牛能量、蛋白等营养物质，而且能刺激牛瘤胃反刍，促进胃肠蠕动。同时，饲喂粗饲料还可以降低饲料成本，充分利用饲料资源。精饲料体积小、营养丰富，按营养特性分能量饲料和蛋白质饲料两大类。奶牛饲料原料可谓多种多样，科学的配比和调制是保证奶牛泌乳潜能得到最大发挥的关键。偏重一两种饲料原料而过度地使用往往会造成养分供给的不平衡而影响奶牛的健康和产奶量。在注重饲料品质的同时，对于饲料以外其他非营养因素的关注也是十分必要的，只有科学细心地饲养奶牛才能获得稳定高产。

一、粗饲料

粗饲料是指在饲料中天然水分含量在 60% 以下，干物质中粗纤维含量等于或高于 18%，并以风干物形式饲喂的饲料。这类饲料的营养价值一般较其他饲料低，消化能含量一般不超过 10.5MJ/kg 干物质量，有机物质消化率在 65% 以下。主要包括干草类、农副产品类（荚、壳、藤、秸和秧）、叶茎类和糟渣类等。虽然粗饲料的营养价值较其他饲料低，但其来源广泛、种类多、产量大、价格低，是奶牛冬、春两季的主要饲料来源。其中干草和青贮都是牲畜的主要粗饲料，主要提供奶牛所需要的粗纤维。

奶牛作为草食动物，粗饲料是其主要的养分来源。借助瘤胃内微生物的发酵作用，粗饲料的主要成分——纤维类物质被降解为挥发性脂肪酸（VFA），后者为奶牛提供能量并为产奶提供乳糖和乳脂的合成原料，并对瘤胃的吸收功能提供能量支持。同时，纤维素又能刺激瘤胃的蠕动和促进反刍动作产生。为保证瘤胃正常发酵，根据饲养的实际情况，有必要通过向精料中添加一部分品质较好的粗饲料来保证日粮的平衡。粗饲料的品质决定了 VFA 的产生量和比例，对奶牛的自身和产奶都有非常重要的作用，所以奶牛生产中粗饲料的品质是非常重要的。

1. 牧草

一般指供饲养的牲畜使用的草或其他草本植物。在饲料分类学中是属于青绿多汁饲料。牧草最理想的饲喂方法是放牧采食，这样能够无损地摄取牧草的营养。牧草水分含量高，一般陆生牧草含水量达 60% ~ 90%；蛋白质含量较高，占干物质的 13% ~ 15%，豆科牧草甚至可达 18% ~ 24%，且赖氨酸、色氨酸等必需氨基酸含量较高，故品质较优；粗纤维含量较低，开花前粗纤维含量一般占干物质的 15% ~ 30%，且木质素含量低，粗纤维的消化率可达 78% ~ 90%；无氮浸出物在 40% ~ 50%；钙磷比例适宜，钙为 0.25% ~ 0.5%，磷为 0.20% ~ 0.35%，比例较为适宜，特别是豆科牧草钙的含量较高，因此依靠青绿饲料为主食的动物不易缺钙。青绿饲料是供应家畜维生素营养的良好来源，特别是胡萝卜素含量较高，每千克饲料含 50 ~ 80 毫克。在正常采食情况下，放牧家畜所摄入的胡萝卜素要超过其本身需要量的 100 倍。此外，青绿饲料中维生素 B 族、维生素 E、维生素 C 和维生素 K 的含量也较丰富。

另外，青绿饲料幼嫩、柔软和多汁，适口性好，还含有各种酶和有机酸，易于消化。青绿饲料是一种营养相对平衡的饲料，但因其水分含量高，从而限制了其潜在的营养优势。尽管如此，优质的青绿饲料仍可与一些中等的能量饲料相比拟。

2. 玉米青贮

玉米青贮饲料是指将新鲜的玉米切短装入密封容器里，

经过微生物发酵作用，制成一种具有特殊芳香气味、营养丰富的多汁饲料。与其他粗饲料相比玉米青贮具有以下优点：能够保存青绿玉米的营养特性；可以四季供给家畜青绿多汁饲料；消化性强，适口性好。

根据制作玉米青贮饲料原料的不同，可分为全株玉米青贮和青贮玉米秸两种。全株玉米青贮是将青贮专用型玉米、粮饲兼用型玉米和粮饲通用型玉米在乳熟期带棒收割，制作的青贮饲料，里面含有 30% 左右的玉米籽粒，淀粉含量较高。青贮玉米秸是在玉米籽实成熟收获后，在玉米秸秆风干前将其收割制作而成的青贮饲料，也叫"黄贮"。相比较而言，由于青饲玉米秸收获期较晚，又没有玉米籽粒的存在，所以其能值相对较低，纤维素的含量相对较高。由于青贮饲料含有大量有机酸，具有轻泻作用，因此母畜妊娠后期不宜多喂，产前 15 天停喂。劣质的青贮饲料有害畜体健康，易造成流产，不能饲喂。冰冻的青贮饲料也易引起母畜流产，应待冰融化后再喂。使用全株青贮玉米时由于其中含有玉米籽粒，所以精料使用量要相应减少，以免造成瘤胃酸中毒。

3. 干草

干草是将牧草及禾谷类作物在质量和产量最好的时期刈割，经自然或人工干燥调制成易于保存的饲草。由于干草是由青绿植物制成，在干制后仍然保留一定青绿颜色，故有人又称之为青干草。青干草可常年保存供家畜饲用。优质的干草颜色青绿、气味芳香、质地松软，叶片不脱落或脱落很少，绝大部分的蛋白质和脂肪、矿物质、维生素被保存下来，是家畜冬季和早春不可少的饲草。干草的品质与调制干草用的牧草品种有很大关系。

（1）苜蓿干草

苜蓿是一种多年生开花植物，似三叶草，耐干旱，产量高而质优，又能改良土壤，因而为人所知。其中最著名的是作为牧草的紫花苜蓿，种植范围广，主要用于制干草、青贮饲料或用作牧草，是泌乳牛优质粗饲料。苜蓿干草产量高、品质好、蛋白含量高、适应性强，是最经济的栽培牧草，被冠以"牧草之王"的美称。苜蓿的营养价值很高，在初花期刈割的干物质中粗蛋白质为20%～22%，产奶净能5.4～6.3MJ/kg，钙3.0%，而且必需氨基酸组成较为合理，赖氨酸可高达1.34%，此外还含有丰富的维生素与微量元素，如胡萝卜素含量可达161.7mg/kg。苜蓿干草是国内外大型牧场产奶牛全混合日粮（TMR）必不可少的粗饲料。因价格相对较高，特别是进口苜蓿，目前主要用于饲喂泌乳牛。

进口苜蓿和国产苜蓿的品质有着较大的差别。进口苜蓿的含叶量较高，粗蛋白质含量一般高于19%，杂草含量很少，是大型牧场高产奶牛日粮粗饲料的不二选择，但价格较高。不同厂家和批次的国产苜蓿的质量差别巨大，含叶量和粗蛋白质含量都不如进口苜蓿，且不同程度含有杂草，由于价格较低，通常作为产奶中后期奶牛日粮的粗饲料。

（2）羊草

羊草为多年生禾本科牧草，叶量丰富、适口性好。产量高，营养丰富，颜色浓绿，气味芳香，是奶牛的上等青干草。羊草干物质含量28.64%，粗蛋白质3.49%。羊草价格便宜，适宜作为干奶期奶牛主要的粗饲料，也可与苜蓿干草搭配作为产奶牛的粗饲料。

（3）干玉米秸

干玉米秸的可消化能值很低，木质素含量却很高，其营养价值非常低。但由于其来源广泛、价格低廉，是散户广泛采用的奶牛粗饲料来源。目前广大养殖户均采用粉碎的玉米秸配合玉米青贮饲料构成奶牛的主要粗饲料，这样的组合粗料只能满足奶牛对纤维素的需求，对营养物质的提供十分有限。这样的粗料组成必然要求提供足够的精料来满足奶牛的产奶需求，这必定增加奶牛瘤胃酸中毒的风险。

（4）大豆皮

大豆皮是大豆外层包被的物质，是大豆制油工艺的副产品，占整个大豆体积的10%，占整个大豆重量的8%。颜色为米黄色或浅黄色。大豆皮含有大量的粗纤维，含量为38%，主要成分是细胞壁和植物纤维。粗蛋白含量12.2%，氧化钙0.53%，磷0.18%，木质素含量低于2%。大豆皮可代替草食动物粗饲料中的低质秸秆和干草。

（5）甜菜粕

甜菜粕是制糖生产中的副产品（甜菜丝）经压榨、烘干、造粒而成。甜菜粕有丰富的纤维和蛋白质以及其他微量元素，粗蛋白含量为10.3%，粗脂肪0.9%，粗纤维20.2%，无氮浸出物64.4%，钙0.9%，磷0.1%，总能约为15.8MJ/kg。是一种营养价值很高的优质饲料。

4. 胡萝卜

胡萝卜本身不属于粗饲料，但部分养殖者会在精料外额外添加。胡萝卜产量高、易栽培、耐贮藏、营养丰富，是家畜冬、春季重要的多汁饲料。胡萝卜的营养价值很高，大部分营养物质是无氮浸出物，含有蔗糖和果糖，故具甜味。胡萝卜素尤其丰富，为一般牧草饲料所不及。胡萝卜还含有大量的钾盐、磷盐和铁盐等。一般来说，颜色愈深，胡萝卜素或铁盐含量愈高，红色的比黄色的高，黄色的又比白色的高。胡萝卜按干物质计产奶净能为 $7.65 \sim 8.02MJ/kg$，可列入能量饲料，但由于其鲜样中水分含量高、容积大，在生产实践中并不依赖它来供给能量。它的重要作用是冬春季饲养时作为多汁饲料和供给胡萝卜素等维生素。在青绿饲料缺乏季节，向干草或秸秆比重较大的饲粮中添加一些胡萝卜，可改善饲粮口味，调节消化机能。乳牛饲料中若有胡萝卜作为多汁饲料，则有利于提高产奶量和乳品质，所制得的黄油呈红黄色。胡萝卜熟喂，其所含的胡萝卜素、维生素 C 及维生素 E 会遭到破坏，因此最好生喂，一般奶牛日喂 5 千克左右。

二、精料补充料

单位体积或单位重量内含营养成分丰富，粗纤维含量低，消化率高的一类饲料。按营养价值分类，凡每千克干物质含消化能11077KJ 以上，粗纤维含量低于18%，天然水分低于45% 的均属精饲料。精饲料主要是禾谷类和豆科作物的籽实，如玉米、大麦、高粱、燕麦、大豆、豌豆、蚕豆等籽实，还包括农副产品如麸皮、米糠、棉籽饼、豆饼等各种饼粕。

大中型牧场由于管理者的知识水平较高，或配备营养师，能充分认识到粗饲料的重要性，故其使用的粗饲料较好。但由于广大养殖户普遍存在重精料轻粗料的错误观念，以及现实使用的粗饲料品质较差的原因，所以家庭牧场和养殖小区主要依赖精饲料提供奶牛生产的所需营养，使得精料和粗料的角色发生转换。

奶牛的精补料提供奶牛产奶所需的重要营养来源，提供调节瘤胃功能的调节剂，提供改善饲料品质等作用的添加剂，由于每种饲料的特性不同，所以一种饲料原料只能起到一种关键作用和几种辅助作用，要想获得全价的日粮就必须将多种不同特性的饲料合理搭配起来。

根据奶牛饲料原料的营养特性不同，精料补充料的配合原料可分为能量饲料、蛋白质补充料、矿物质饲料以及添加剂饲料。同时，为了弥补散养户粗饲料品质较差带来的纤维品质差的不足，在精料补充料当中也会添加一部分品质好的粗饲料原料。

1. 能量饲料

能量饲料指干物质中粗纤维含量低于 18%、粗蛋白质含量低于 20% 的饲料。这类饲料的特点是消化能高，一般每千克干物质含消化能 10.46MJ 以上，其中，高于 12.55MJ 者又称之为高能量饲料。根据来源不同又分为：谷实类、糠麸类、块根块茎及瓜类等。

能量饲料在动物饲粮中所占比例最大，一般为 50% ~ 70%，对动物主要起着供能作用。但由于饲料分类体系所存在的不准确性，所以能量饲料所涵盖的饲料品种往往与提供能量的本质不相符。

（1）玉米

玉米亩产量高，有效能量多，是最常用而且用量最大的一种能量饲料，故有"饲料之王"的美称。玉米的碳水化合物超过 70%，主要是淀粉；粗蛋白质含量一般为 7% ～ 9%；粗纤维含量较少；粗脂肪含量为 3% ～ 4%；玉米为高能量饲料，产奶净能（奶牛）为 7.70MJ/kg；粗灰分较少，仅 1%，其中钙少磷多；维生素含量较少，但维生素 E 含量较多。

（2）油糠

米糠的别名，是糙米精制时产生的果皮和种皮的全部、外胚乳和糊粉层的部分，合称为米糠。米糠的品质与成分，因糙米精制程度而不同，精制的程度越高，米糠的饲用价值愈大。由于米糠所含脂肪多，易氧化酸败，不能久存。油糠的蛋白质含量为 13%，其赖氨酸含量高；脂肪含量 10% ～ 17%，多为不饱和脂肪酸；粗纤维含量较多，质地疏松，容重较轻；无氮浸出物含量不高，只占 50% 以下；受脂肪含量影响，有效能较高，产奶净能（奶牛）为 7.61MJ/kg；矿物质中钙少（0.07%）磷多（1.43%）；B 族维生素和维生素 E 丰富。

（3）米糠粕

米糠粕是用膨化浸出法生产米糠油的副产品，呈黄色或黄褐色，有米味或烤香味，粉状。米糠粕是优质的饲料原料，含粗蛋白质 15%、粗纤维 10%，同时含 B 族维生素、维生素 E 及钾、硅等，其品质优于麸皮。

（4）麦麸

麦麸是以小麦籽实为原料加工面粉后的副产品。小麦麸受小麦品种、制粉工艺、面粉加工精度等因素影响成分变异较大。麦麸的粗蛋白质含量 12% ～ 17%；无氮浸出物（60% 左右）较少；粗纤维含量 10%；有效能较低，产奶净能（奶牛）为 6.23MJ/kg；灰分较多，所含灰分中钙少（0.1% ～ 0.2%）

磷多（0.9%～1.4%），极不平衡；铁、锰、锌较多；B族维生素含量很高。小麦麸容积大，每升容重为225克左右，可用于调节饲料比重。小麦麸还具有轻泻性，可通便润肠。

（5）玉米胚芽粕

玉米胚芽粕是以玉米胚芽为原料，经压榨或浸提取油后的副产品，又称玉米脐子粕。玉米胚芽粕中含粗蛋白质18%～20%，其氨基酸组成与玉米蛋白饲料（或称玉米麸质饲料）相似；粗脂肪1%～2%；粗纤维11%～12%。名称虽属于饼粕类，但按国际饲料分类法，大部分产品属于中档能量饲料。对于奶牛来说玉米胚芽粕是很好的能量补充饲料，添加量可达10%。

（6）玉米纤维饲料

玉米纤维饲料（玉米皮）是选用优质玉米提取淀粉后的副产品，采用科学的工艺流程，提取成饲料级淡黄色碎粉状的原料，分喷浆（玉米纤维饲料）和不喷浆（玉米皮）两种。喷浆玉米纤维饲料其粗蛋白质含量20%，在所含蛋白质中，过瘤胃蛋白质30%、粗脂肪5.7%、粗灰分1%、粗纤维16.2%、无氮浸出物57.45%（其中淀粉40%以上）、钙0.1%、磷0.3%。不喷浆的蛋白8%～10%。二者均可直接添加到奶牛饲料原料中。

（7）糖蜜

糖蜜是工业制糖过程中蔗糖结晶后，剩余的不能结晶但仍含有较多糖的液体残留物，是一种黏稠、黑褐色、呈半流质的物体，组成因制糖原料、加工条件的不同而有差异，在工业生产中通常作为发酵底物使用。糖蜜含有少量粗蛋白质，一般为3%～6%，多属于非蛋白氮类，蛋白质生物学价值较低。糖蜜的主要成分为糖类，以蔗糖为主。此外无氮浸出物中还含有3%～4%的可溶性胶体，主要为木糖胶、阿拉伯糖胶和果胶等。糖蜜的矿物质含量较高，约8%～10%，但钙、磷含量不高，钾、氯、钠、镁含量高，因此糖蜜具有轻泻性，维生素含量低。在奶牛TMR日粮制作调制过程中，利用糖蜜的黏稠特性，将粉状精料黏附于粗饲料表面，防止分层。

（8）油脂

多数高产奶牛存在着能量负平衡。为此，在奶牛日粮中加适量油脂，或用高脂饲料，可使奶牛摄入较多能量，满足其需要，油脂用于泌乳的效率高；油脂由于热增耗少，故给热应激牛补饲油脂有良好作用；用油脂给奶牛补充能量的同时，还能保证粗纤维摄入量，提高繁殖机能，维持较长泌乳高峰期，降低瘤胃酸中毒和酮病的发生率。

给奶牛补饲油脂不当时，亦会出现不良后果，如一些脂肪酸（如C8-C14脂肪酸和较长碳链不饱和脂肪酸）能抑制瘤胃微生物。这种抑制作用能降低纤维素消化率，改变瘤胃液中挥发性脂肪酸比例，并能降低乳脂率；奶牛总采食量可能下降；乳中蛋白质含量也可能下降。因此，奶牛日粮中油脂的含量最多不能超过日粮干物质的7%。在正常情况下，奶牛基础日粮本身就含有3%左右的油脂，建议补充量应为3%～4%。

（9）乳清粉

用牛乳生产工业酪蛋白和酸凝乳干酪的副产物即为乳精，将其脱水干燥便成乳清粉。其乳糖含量很高，大于70%。正因为如此，乳清粉常被看作一种糖类物质。乳糖对犊牛有很好的利用价值，因此乳清粉是犊牛很好的能量来源，可用于犊牛的开食料的配置，成年牛的利用率较差。断奶前，因为犊牛消化系统不完善，饲料中添加乳清粉，易消化易吸收，补充奶水的营养成分，让犊牛慢慢脱离对奶水的依赖，达到快速通过饲喂饲料就可以获取足够的营养，当达到一定饲喂量时，就可以断奶了。

2. 蛋白质补充饲料

蛋白质补充饲料是指干物质中粗纤维含量小于 18%、粗蛋白质含量大于或等于 20% 的饲料。蛋白质饲料可分为植物性蛋白质饲料、动物性蛋白质饲料、单细胞蛋白质饲料。由于国家法律规定和现实生产情况限制，奶牛饲料中的蛋白质饲料主要为植物性蛋白质饲料，不允许使用动物源性蛋白饲料。

（1）大豆饼粕

大豆饼粕是以大豆为原料榨油后的副产物。由于制油工艺不同，通常将压榨法取油后的产品称为大豆饼，而将浸出法取油后的产品称为大豆粕。大豆饼粗蛋白质含量高（42% 以上），可消化性好，各种必需氨基酸的含量均较高，且富含烟酸、泛酸、胆碱等各种维生素，不失为一种良好饲料。大豆粕粗蛋白质含量高，约为 40% ～ 50%；必需氨基酸含量高、组成合理。蛋氨酸含量不足，在玉米 - 大豆饼粕为主的日粮中，一般要额外添加蛋氨酸才能满足营养需求；粗纤维含量较低，主要来自大豆皮；无氮浸出物主要是蔗糖、棉籽糖、水苏糖和多糖类，淀粉含量低；胡萝卜素、核黄素和硫胺素含量少，烟酸和泛酸含量较多，胆碱含量丰富；矿物质中钙少磷多，磷多为植酸磷（约 61%），硒含量低。大豆粕和大豆饼相比，大豆饼中残脂约为 5% ～ 7%，大豆粕中残脂约为 1% ～ 2%，因此前者比后者的有效能值及粗蛋白质含量均较低。同样的规律，大豆饼中的氨基酸含量也低于同条件、同级的大豆粕，且豆粕质量较稳定。含油脂较多的豆饼对奶牛有催乳效果。

（2）棉籽和棉籽饼粕

棉籽是棉花的种子，在棉纺加工中被梳理出来。棉籽饼粕是棉籽脱壳取油后的副产品。棉籽饼粕粗纤维含量主要取决于制油过程中棉籽脱壳程度。国产棉籽饼粕粗纤维含量较高，大于 13%，有效能值低于大豆饼粕。棉籽饼粕粗蛋白含量较高，大于 34%；氨基酸中赖氨酸、蛋氨酸含量较低，精氨酸含量较高；矿物质中钙少磷多，其中 71% 左右为植酸磷，含硒少。维生素 B_1 含量较多，维生素 A、维生素 D 含量少。

棉籽饼粕对反刍动物不存在中毒问题，是反刍家畜良好的蛋白质来源。奶牛饲料中添加适当棉籽饼粕可提高乳脂率，若用量超过精料的 50% 则影响适口性，同时乳脂变硬。棉籽饼粕属便秘性饲料原料，须搭配芝麻饼粕等软便性饲料原料使用，一般用量以精料中占 20% ～ 35% 为宜。喂犊牛时，以低于精料的 20% 为宜，且需搭配含胡萝卜素高的优质粗饲料。

牧场配置 TMR 日粮时常会用到棉籽，全棉籽含有高脂肪、高蛋白质，并且棉籽壳可以保护脂肪和蛋白质，奶牛采食棉籽后可以通过瘤胃直接到达皱胃或在小肠中很好地被吸收利用。

（3）酒糟粕

酒糟粕是酒糟蛋白饲料的商品名，即含有可溶固形物的干酒糟。在以玉米为原料发酵制取乙醇过程中，其中的淀粉被转化成乙醇和二氧化碳，其他营养成分如蛋白质、脂肪、纤维等均留在酒糟中，将酒糟干燥后即为酒糟粕。酒糟粕其主要成分为糖类、粗蛋白、粗脂肪、微量元素、氨基酸、维生素等，粗蛋白含量约23%～35%，粗纤维含量较高，维生素B_1、维生素B_2均高，同时由于微生物的作用，酒糟粕含有发酵中生成的未知促生长因子。

（4）玉米蛋白饲料

玉米蛋白饲料是把玉米淀粉的副产品——玉米蛋白粉、玉米黄浆、玉米纤维、碎玉米等混合后，通过高温压榨、脱脂，再接种多株耐酸菌，进行液态或固态发酵，所获产品再进行低温水解、膨化、干燥以后生产的复合蛋白饲料。玉米蛋白饲料中水分小于11%，粗蛋白质为20%～35%，粗脂肪小于4%，粗灰分不足5%，粗纤维素10%。产品为黄色粒状，略带发酵气味。在使用玉米蛋白饲料的过程中，应注意霉菌含量，尤其是黄曲霉毒素含量。

（5）豆腐渣

豆腐渣是来自豆腐、豆奶工厂的副产品，为黄豆浸渍生产豆乳后，过滤所得的残渣。豆腐渣干物质中粗蛋白、粗纤维和粗脂肪含量较高，维生素含量低且大部分转移到豆浆中。鲜豆腐渣是奶牛的良好多汁饲料，可提高奶牛产奶量。鲜豆腐渣经干燥、粉碎可作配合饲料原料，但加工成本较高，更宜鲜喂。但高水分和高蛋白质含量，容易腐败变质，使用过程中要注意保存。

3. 矿物质饲料

矿物质元素在各种动植物饲料中都有一定含量，自然状态下动物采食饲料的多样性可在某种程度上满足对矿物质的需要。但在舍饲条件下或饲养高产动物时，动物对矿物质的需要量增多，这时就必须在动物饲粮中另行添加所需的矿物质。

（1）石灰石粉

又称石粉，为天然的碳酸钙（$CaCO_3$），一般含纯钙35%以上，是补充钙的最廉价、最方便的矿物质原料。

（2）磷酸氢钙

又称磷酸二氢钙或过磷酸钙，纯品为白色结晶粉末，多为一水盐〔$Ca(H_2PO_4)_2 \cdot H_2O$〕。本品含磷22%左右，含钙15%左右。由于本品磷高钙低，在配制饲粮时与石粉等其他含钙饲料配合，易于调整钙磷平衡。

（3）食盐

精制食盐含氯化钠99%以上，粗盐含氯化钠为95%。纯净的食盐含氯60.3%，含钠39.7%，此外尚有少量的钙、镁、硫等杂质。食用盐为白色细粒。植物性饲料大都含钠和氯的数量较少，相反含钾丰富。为了保持生理上的平衡，对以植物性饲料为主的畜禽，应补饲食盐。食盐除了具有维持体液渗透压和酸碱平衡的作用外，还可刺激唾液分泌，提高饲料适口性，增强动物食欲，具有调味剂的作用。一般奶牛精料中食盐添加比例为1%。

（4）小苏打

学名碳酸氢钠（$NaHCO_3$），由丁可以在水中电离出HCO_3^-，既可以结合酸性的H^+，也可以结合碱性的OH^-，使它成为很好的缓冲物质。在粗饲料质量较差，依靠增加精饲料提高产奶量的饲喂方式下，小苏打的添加对于调节瘤胃的内环境，预防酸中毒有很重要的作用。而作为矿物质饲料提供钠源的作用显得不那么突出。

三、添加剂预混料

由于动植物之间存在着一定的种属差异，以植物性为主的饲料原料在满足奶牛主要营养物质需求的同时，很难全部满足维生素、微量元素以及必需氨基酸的需求。同时非营养性的营养调控物质等添加剂也需要额外补充。但是由于需求量和添加量不大，很难与能量饲料、蛋白质饲料等一起同时混合饲喂。这就需要将这些成分预先按比例混合附以载体和稀释剂进行预混，这就是添加剂预混料。它是营养物质的必要补充，也是营养调控物质科技含量的所在。不同厂家的产品设计理念和加工工艺存在很大差异，其配方也是饲料企业的重要机密。养殖者在使用预混料过程中应严格按照产品说明使用。

第四节　青贮饲料及其制备方法

一、青贮饲料

青绿植物在厌氧条件下经乳酸菌发酵制成的多汁饲料。青贮饲料在枯草季节为家畜提供了能够吃到的青绿饲料，是奶牛非常重要的粗饲料。粗饲料通过青贮制法可以保留更多营养成分，提高饲料利用率。同时因为青贮饲料具有柔软多汁、气味酸甜芳香、适口性好、易消化、调制方便又耐久贮、促进消化液分泌等特点，可提高家畜采食量，而且对提高家畜日粮内其他饲料的消化也有良好的作用。另外，通过青贮还可以消灭原料携带的有害菌和寄生虫（如玉米螟，钻心虫）等，数据表明，青贮饲料可使产奶家畜提高产奶量 10% ～ 20%。

二、常见的青贮饲料：青贮玉米

青贮玉米是将新鲜全株玉米切段紧实压制在不透气的青贮窖中，通过乳酸菌厌氧发酵，使玉米的糖类或淀粉产生以乳酸为主的脂肪酸，当发酵使窖内环境 pH 值下降到 3.8 ～ 4.2 时，有害微生物活性被抑制，再经过 23 ～ 30 天左右，乳酸菌的活动也被抑制，此时青贮玉米储存在一个相对无菌的环境之中，从而保证了其营养物质的稳定。青贮储备量多少，应依据成年母牛数量计算：成年母牛按每头每年约 9 吨储备，后备牛则是按两头折算一头成年母牛计算储备量。

制备青贮关键需把握三点：保证厌氧环境；保证适宜含糖量；调节水分含量适中，含水量一般要求 65% ～ 75%。

1. 青贮准备： 青贮到场前，三面青贮窖壁需铺设青贮专用黑白膜，窖壁上 1/3 处开始，左右分别预留窖池宽度等长的长度，后方预留长度大于窖池长度 1/3。

2. 收割管理： 玉米成长达到乳熟期至蜡熟期（干物质含量 27% ～ 34%），使用青贮玉米专用收割机械镰割。收割最低留茬高度为 15cm，这样可以有效控制青贮灰分含量，减少泥土污染，亦可留茬高度达到 30 ～ 50cm 做高青贮日粮。切割长度根据干物质含量确定，干物质含量越高切割长度越短，1.2 ～ 1.7cm 均可。过短会使有效纤维减少，对奶牛瘤胃刺激度不够，反刍次数减少而引起瘤胃酸中毒，但若超过 1.7cm 将不易于压实。做高青贮或全青贮日粮时应放大切割长度至

2.0 ～ 2.2cm，并加强压窖环节的管理，确保充分压实。玉米籽粒不好消化，全株青贮要玉米籽粒保证 95% 的破碎度，追求 100% 破碎，这一点应重点监控。

3. **压窖**：青贮压窖车辆以轮式拖拉机或铲车等可以提供更高压强的车辆为宜，压窖车重量计算需根据每小时收储青贮吨数确定，参考如下：每小时收储吨数 ×0.364= 压窖车重量（吨），需相应吨数的车辆持续压窖一小时。每 10 ～ 15cm 层厚压制一次，在窖里推一个 45 度左右的斜坡，一层一层地反复来回碾压。重点压制窖墙边缘和窖头，这是青贮发热、腐坏的主要位置。

4. **封窖**：青贮窖每推进 3 米就开始封窖，分别将两边预留黑白膜盖回来，最后再将后方黑白膜盖在最上方，达到三层覆盖保护。做完青贮后，用绳子将废旧轮胎一个个串联起来压在黑白膜上，避免塑料膜被风吹起来，保证密封性。定期巡视，保持青贮膜完整。

5. **开窖**：封窖后，45 天便可以开窖，此时可以判断青贮质量。合格的青贮颜色为黄绿色，可闻见乳酸清香味。优质玉米青贮的参考数据为：pH3.8 ～ 4.2，乳酸 >3%，乙酸 < 3%，丙酸 < 1%，丁酸 < 0.1%。

第三章 奶牛各阶段营养需求及饲养管理技术

第一节 牛群结构划分

牧场饲养有不同生理阶段、不同年龄的奶牛，一般奶牛场饲养规模通常指混合牛群饲养数量，其中包括犊牛、育成牛、青年牛和成母牛。犊牛分为哺乳期犊牛和断奶期犊牛，育成牛分为小育成牛和大育成牛，青年牛分为妊娠前期青年牛和妊娠后期青年牛，成母牛根据泌乳周期可分为泌乳牛、干奶牛、围产期牛。泌乳牛又可分为泌乳前期牛、泌乳中期牛、泌乳后期牛。每个阶段的划分及特点如下：

1. 哺乳期犊牛（0～3月龄），此阶段是后备母牛中发病率、死亡率最高的时期。

2. 断奶期犊牛（3～6月龄），此阶段是生长发育最快的时期。

3. 小育成牛（6～12月龄），此阶段是母牛性成熟时期，母牛的初情期一般发生在9～10月龄。

4. 大育成牛（12月龄至配孕），此阶段是母牛体成熟时期，在15～18月龄、母牛体重达到350公斤以上时是适宜的初配期，一般为18月龄。

5. 妊娠前期青年母牛（怀孕前6个月），此阶段是母牛初妊期，也是乳腺发育的重要时期。

6. 妊娠后期青年母牛（怀孕7个月至产犊），此阶段是母牛初产和泌乳的准备时期，是由青年母牛向成年母牛的过渡时期。

7. 成年母牛（初产以后），此阶段是母牛开始产犊、泌乳，进入生产周期的阶段，按泌乳阶段分期，一般可分为五期。

（1）围产期，围产期包括产前 15 天和产后 15 天。此期对奶牛的健康及以后的产奶量是关键饲养期。

（2）泌乳盛期（85 天），自分娩后第 16 天至第 100 天。产奶量占全泌乳期产奶量的 45% ～ 50%。

（3）泌乳中期（100 天），自分娩后第 101 天至第 200 天。产奶量占全泌乳期产奶量的 30% 左右。

（4）泌乳后期，自分娩后第 201 天至停奶前一天。产奶量占全泌乳期产奶量的 20% ～ 25%。

（5）干乳期（60 天），自停奶日期至分娩日期之前，此期对奶牛产后及乳房健康至关重要。

现在规模化奶牛饲养工艺强调分群饲养和群体管理，以便更好地实现现代饲养工艺和机械化，落实 TMR 技术和奶牛饲养标准，普及机械挤奶以及对牛群的管理，提高工作效率。

第二节　犊牛的营养需求及饲养管理技术

一、犊牛饲养管理

1. **犊牛**：是指出生到 6 月龄阶段的牛。

2. **饲养管理**

（1）接产：犊牛出生后立即清除口、鼻、耳内的黏液，如犊牛出生后不能马上呼吸，可握住犊牛的后肢将犊牛吊挂并拍打胸部，使犊牛吐出黏液。犊牛被毛要用毛巾擦干，以免犊牛受凉。

（2）断脐带：通常情况下，犊牛的脐带自然扯断。未扯断时，用消毒剪刀在距腹部 6 ～ 8cm 处剪断脐带，将脐带中的血液挤净，用 5% ～ 10% 碘酊浸泡 2 ～ 3 分钟即可，切记不要将药液灌入脐带内。断脐不要结扎，以自然脱落为好。

（3）犊牛登记：小牛的出生资料必须登记，并永久保存小牛档案。新生的小牛必须打上耳标。

（4）与母牛隔离：小牛出生后，立即从产房内移走，并放在干燥清洁的环境中，最好单独放在犊牛岛，创造一个舒适、干净的环境，及时清洗饲喂用具，降低疾病的传播，便于饲养员检测小牛的采食情况和体况，小牛出生一周内要注意观察小牛的疾病情况和及时治疗。犊牛岛在进小牛前，必须空栏 3 ～ 4 周，并进行清洁消毒。

（5）小牛去角：带角的奶牛可对其他奶牛或工作人员造成伤害，大部分情况下应在出生第一周去角。但去角时饲养员或技术员必须依照有关技术指导，并按程序操作，避免刺激和伤害小牛。一般在 7 ～ 10 日龄期间行断角术，最晚不超过 20 日龄。此阶段犊牛神经系统发育不完全，对疼痛不十分敏感，出血量少，恢复快，不易感染，对犊牛伤害较小。

（6）犊牛断奶：现在大部分奶牛场采取 60 天断奶，但对于初生重低于 30 千克的弱小犊牛，仍采用 70 ～ 90 天喂奶的方式弥补其前期生长发育不良的缺陷，使其在以后的生长赶上正常的牛。犊牛断奶后，继续喂开食料到 4 月龄，日食精料应在 1.8 千克～ 2.5 千克，以减少断奶应激。4 月龄后方可换成育成料或青年牛料，以确保其正常生长发育。

二、犊牛营养需求

1. 喂初乳

在新生犊牛出生后 1～2 小时内喂初乳，每次饲喂量为 2 千克～2.5 千克，日喂 2～3 次，温度为 38±1℃，连续 5 天，5 天后逐渐过渡到饲喂常乳或犊牛代乳粉。常乳喂量占体重的 8%～10%。随着采食精饲料和粗饲料的增加，适当减少常乳的喂量，6 周龄、7 周龄、8 周龄喂奶量推荐分别为 5 千克、4 千克和 3 千克。

下面介绍几种哺乳方案：

方案一： 510 千克全乳，90 天哺乳期。

1～10 日龄，5 千克/日；11～20 日龄，7 千克/日；21～40 日龄，8 千克/日；41～50 日龄，7 千克/日；51～60 日龄，5 千克/日；61～80 日龄，4 千克/日；81～90 日龄，3 千克/日。

方案二： 200～250 千克左右全乳，45～60 天哺乳期。

1～20 日龄，6 千克/日；21～30 日龄，4～5 千克/日；31～45 日龄，3～4 千克/日；46～60 日龄，0～2 千克/日。

方案三： 400 千克全乳，90 天哺乳期。

1～30 日龄，6 千克/日；31～60 日龄，4.5 千克/日；61～90 日龄，3 千克/日。

2. 初乳及其特性

母牛产后 7 天内所产的奶叫初乳。初乳具有很多特殊的生物学特性，是新生犊牛不可缺少的营养品。其特殊的作用为：①能代替肠壁上黏膜的作用，初乳覆在胃肠壁上，可阻止细菌侵入血液中，提高牛犊对疾病的抵抗力；②初乳含有丰富而易消化的养分；③初乳的酸度较高，可使胃液变成酸性，不利于有害细菌的繁殖；④初乳可以促进真胃分泌大量消化酶，使胃肠机能尽早形成；⑤初乳中含有较多的镁盐，有轻泻作用，能促进胎粪排出；⑥初乳中含有溶菌酶和免疫球蛋白，能抑制或杀灭多种病菌。

3. 补饲

①饲喂干草：从1周龄开始，在牛栏的草架内添入优质干草（如豆科青干草等），训练犊牛自由采食，以促进瘤网胃发育，并防止舔食异物。犊牛哺乳期日增重不应高于650克。实践证明，高奶量长哺乳期饲养，虽然犊牛增重快，但对其消化器官发育很不利，而且增加饲养成本，奶牛产后往往不能高产。所以应当减少哺乳量和缩短哺乳期。喂奶方案多采用"前高后低"，即前期喂足奶量，后期少喂奶，多喂精粗饲料的原则。

②补饲精料：在犊牛10～15日龄时补饲精料，喂完奶后用少量精料涂抹在其鼻镜和嘴唇上，或撒少许于奶桶上任其舐食，促犊牛形成采食精料的习惯，1月龄时日采食犊牛料250～300克，2月龄时500～600克。

③饲喂青绿多汁饲料：青绿多汁饲料如胡萝卜、甜菜等，犊牛在20日龄时开始补喂，以促进消化器官的发育。每天先喂20克，到2月龄时可增加到1～1.5千克，3月龄为2～3千克。青贮料可在2月龄开始饲喂，每天100～150千克，3月龄时1.5～2.0千克，4～6月龄时4～5千克。

表3-1　犊牛开食料配方

日龄	玉米 (%)	麸皮 (%)	豆饼 (%)	棉籽饼 (%)	菜籽饼 (%)	饲用酵母粉 (%)	磷酸氢钙 (%)	食盐 (%)	预混料 (%)
7～19日龄	50	16	26	0	0	5	1	1	1
20日龄至断奶	48	15	20	5	5	4	1	1	1

第三节 育成牛的营养需求及饲养管理技术

一、育成牛饲养管理

1. 育成牛

育成牛是指 7 月龄至初次配种阶段的牛只。这是一个关键阶段，因为在此期间乳腺的生长发育最为迅速。奶牛性成熟前的生长速度是日增重 600 克左右，而性成熟后日增重的指标为 800 ～ 825 克。

2. 饲养管理

育成牛要及时分群。犊牛满 6 月龄后转入育成牛舍时，分群饲养，应尽量把年龄体重相近的牛分在一起。在育成阶段，应对牛只进行乳房按摩，一般从育成牛受孕后开始，应温敷按摩乳房，按摩部位为乳房的底部中沟和两侧，最好每天在上、下午各按摩 1 次，至少每天按摩 1 次，每次按摩 1 ～ 3 分钟，预产期前 1 个月停止按摩。

此外，还要定期测量体尺和称重，及时了解牛的生长发育情况，纠正饲养不当；每天可刷拭牛只 1 ～ 2 次，每次 5 ～ 8 分钟，加强牛的运动，可在牛舍配备自动牛体刷代替人工刷拭。在舍饲期间，应注意通风干燥，保持环境清洁。晴天要多让其接受日光照射，以促进机体吸收钙质和促进骨骼生长，但严禁烈日下长时间暴晒。

在牧区饲养的养殖场户，如有条件放牧，无论是育成母牛还是青年母牛，都可以采取放牧饲养，但应充分估计食入的草量，营养不足的部分由精料补充。如草地质量不好，则不能减少精料用量。对于放牧的奶牛，回舍后如有未吃的迹象，应补喂干草或多汁料。采取舍饲方式的养殖场，应尽量保证配备运动场，以保障牛只健康。

二、育成牛营养需求

对 6 月龄至 1 周岁的育成牛，在饲养上要供给足够的营养物质，除给予优良牧草、干草和多汁饲料外，还必须适当补充一些精饲料。从 9 ~ 10 月龄开始，可掺喂一些秸秆和谷糠类饲料，其重量约占粗饲料的 30% ~ 40%，以刺激瘤胃发育。

在 12 ~ 18 月龄期间，奶牛消化器官和体格发育，为成年后能采食大量青粗饲料和提高产乳量创造条件。日粮应以粗饲料和多汁饲料为主，其重量约占日粮总量的 75%，其余的 25% 为混合精料，以补充能量和蛋白质的不足。为此，青贮以及青绿饲料的比例要占日粮的 85% ~ 90%，精料的日喂量保持在 2 ~ 2.5 千克。18 ~ 24 月龄是奶牛交配受胎阶段，自身的生长发育逐渐变得缓慢。这阶段的育成母牛营养水平要适当，过高易导致牛体过肥造成受孕困难，即使受孕，也会影响胎儿的正常发育和分娩；过低易使奶牛排卵紊乱，不易受胎。这一阶段应以喂给品质优良的干草、青绿饲料、青贮饲料和块根类饲料为主，精料为辅。

第四节　青年牛的营养需求及饲养管理技术

一、青年牛饲养管理

1. 青年牛

青年牛是指从初配受胎到产犊分娩这段时期的牛，现在青年牛一般指青年母牛，以往 18 月龄母牛尚未达到体成熟，身体的发育尚未完全，但由于奶牛营养不断提高，育成牛的体重和性成熟时间已经提前达到配种标准，一般 18 月龄可初配，所以青年牛是指 18 ～ 28 月龄的牛只。大型牧场也有从 15 月龄开始初配，这需要依据牛只发育情况判断。

表 3-2　育成牛和青年牛各阶段的理想体高和体况

月龄	6	9	12	15	18	21	24
体高（cm）	104-105	112-118	120-123	124-126	129-132	134-137	138-141
体况评分	2.3	2.4	2.8	2.9	3.2	3.4	3.5

2. 饲养管理

（1）定期测量体尺和称重，及时了解牛的生长发育情况，纠正饲养不当。

（2）加强运动：在没有放牧条件的地区，应为舍饲的育成母牛提供运动场地，每天在运动场驱赶运动 2 小时以上，以增强体质、锻炼四肢，促进乳房、心血管及消化、呼吸器官的发育。

（3）做好发情、繁殖记录。

（4）按摩乳房：为促进育成牛特别是妊娠后期育成牛乳腺组织的发育，应在给予良好的全价饲料的基础上，适时采取乳房按摩的办法，对促进乳房发育效果十分明显。对 6 ～ 18 月龄的育成母牛每天可按摩一次，18 月龄以后每天按摩 2 次。按摩可与刷体同时进行。每次按摩时要热敷乳房，产前 1 ～ 2 个月停止按摩。但在此期间，切忌擦拭乳头，以免引起乳头龟裂或因病原菌从乳头孔侵入，导致乳房炎发生。

二、营养需求

育成牛配种后一般仍可按配种前日粮进行饲养。当青年牛怀孕至分娩前3个月，由于胚胎的迅速发育以及自身的生长，需要额外增加0.5～1.0千克的精料。如果在这一阶段营养不足，将影响青年牛的体格以及胚胎的发育，但营养过于丰富将导致过肥，引起难产、产后综合征等。

青年牛怀孕后的180～220天，每日可增加精料喂量，最大量为5.0千克。此时，增加精料主要用来增加母牛自身的体重，而该阶段的发育速度并不很快。怀孕220天以后，发育速度迅速加快，此时精料量必须减到3.0千克以下，应根据母牛的膘情严格控制精料的摄入。产前20～30天，要求将妊娠青年牛移至清洁、干燥的环境饲养，以防疾病和乳腺炎。此阶段可以用泌乳牛的日粮进行饲养，精料每日喂给2.5～3.0千克，并逐渐增加精料喂量，以适应产后高精料的日粮；食盐和矿物质的喂量应进行控制，以防乳房水肿并注意在产前2周降低日粮含钙量（降低到0.45%），以防产后瘫痪。

表3-3 育成牛和青年牛的饲喂方案（千克／天／头）

月龄	精料	玉米青贮	羊草
7～8	2	10.8	0.5
9～10	2.3	11	1.4
11～12	2.5	12	2
12～14	2.5	12.5	3
15～16	2.5	13	4
17～18	2.5	13.5	4.5
19～20	3	16	2.5
21～22	4	11	3
23～26	4.5	6	5

第五节　奶牛围产期的营养需求及饲养管理技术

围产期指母牛分娩前 15 天和产后 15 天的一段时间，处于该阶段的奶牛称为围产期奶牛。围产期是奶牛饲养管理最容易出现问题的阶段，必须加强该阶段的饲养管理。

按传统划分方法，临产前 15 天属于干奶期，产后 15 天属于泌乳前期，之所以将围产期这段时间单独划分出来饲养管理，是由于此期饲养管理的特殊性及重要性。

一、围产前期奶牛的饲养管理及营养需求

1. **围产前期：** 母牛分娩前 15 天。

2. **饲养管理**

（1）转入产房。奶牛在临产前 15 天转入产房。进行产前检查，随时注意观察临产征候的出现，做好接产准备。产房要保持安静，干净卫生，要使奶牛习惯产房环境。在产房内每头牛占一产栏，空间充足，任母牛在圈内自由活动。母牛临产前 1 ～ 6 小时进入产间，产栏应事先清洗消毒，并铺以短草。

（2）专人值班。该阶段奶牛应昼夜设专人值班照料。

（3）做好消毒。根据预产期做好产房、产间、助产器械工具的清洗消毒等准备工作。应在母牛产前对其外生殖器和后躯消毒。通常情况下，让其自然分娩；如需助产时，要严格消毒手臂和器械。

3. **围产前期营养需求**

分娩前 15 天的临产前母牛应该饲喂营养丰富、品质优良、

易于消化的饲料。应逐渐增加精料喂量，但最大喂量不宜超过奶牛体重的1%，尤其对产前乳房水肿严重的奶牛，不宜多喂精料，同时减喂食盐，防止母牛便秘，还应禁止喂甜菜渣（因甜菜渣中含甜菜碱，对胎儿有毒性），绝对不能喂冰冻、腐败变质和酸性大的饲料。为防止母牛产褥热的发生，应饲喂低钙高磷日粮，每千克日粮中干物质粗蛋白13%、钙0.3%、磷0.3%，精、粗比为40∶60，粗纤维不少于20%。日粮中适当补充维素A、维生素D、维生素E和微量元素，对产后子宫的恢复、提高产后配种受胎率、降低乳房炎发病率、提高产奶量具有良好作用。

临产前2～3天日粮中适量添加麦麸以增加饲料的轻泻性，防止便秘。

参考喂量：混合料25千克、青贮料15千克、干草4千克，补充微量元素及适量添加维生素A、维生素E，并采用低钙饲养法。典型的低钙日粮一般是钙占日粮中干物质的0.4%以下，钙、磷比例为1∶1，可以减小产后瘫痪的风险。

二、围产后期饲养管理技术及营养需求

1. 围产后期：母牛分娩后15天。

2. 饲养管理

奶牛在分娩的后期会消耗机体内大量的营养，呈现非常虚弱的状态，在消化能力方面比较差，生殖器官也不能够完全恢复，乳房仍然处于水肿状态，乳腺及循环系统的正常功能也没有恢复正常运转，但是奶牛的产奶量却逐渐上升，导致出现产奶量与奶牛体质不适应的情况。做好这一时期饲养管理，就显得非常重要。

（1）分娩。尽量让母牛自然分娩，需要助产时，应在兽医的指导下进行。

（2）产间清洁。母牛分娩后，要清理产间，更换褥草。

（3）挤奶。母牛产后经 30 分钟至 1 小时挤奶，挤奶前先用温水清洗牛体两侧、后躯、尾部，最后用 0.1%～0.2% 的高锰酸钾溶液消毒乳房。开始挤奶时，每个乳头的第 1、2 把奶要弃掉，一般产后第一天每次只挤 2 千克左右，够犊牛哺乳量即可，每次挤奶时应热敷按摩 5～10 分钟，第二天每次挤奶 1/3，第三天挤 1/2，第 4 天才可将奶挤尽。奶牛生产后的 3～5 天应该严格控制好挤奶量和挤奶的次数，否则容易造成奶牛机体损失大量的钙而出现产后瘫痪的情况。

（4）乳房护理。分娩后乳房水肿严重，要加强乳房的热敷和按摩，促进乳房消肿。

（5）胎衣脱落。产后 4～8 小时胎衣自行脱落。脱落后要将奶牛外阴部清洗干净并用来苏尔水消毒，以免感染生殖道。胎衣排出后应马上移出产房，以防被母牛吃掉妨碍消化。如 12 小时还不脱落，要采取人工辅助措施剥离。

（6）产后护理。母牛产后应每天用 1%～2% 的来苏尔水洗刷后躯，特别是臀部、尾根、外阴部。每日测 1～2 次体温，若有升高需及时查明原因并进行处理。

3. 营养需求

围产后期（分娩后 15 天）的母牛因分娩过程体力消耗很大，会表现产后体质虚弱，饲养管理遵循的原则是促进体质恢复。

（1）热饮麸皮－盐钙汤。刚分娩后应给母牛喂饮温热麸皮－盐钙汤。分娩后补饮热麸皮－盐钙汤 10～20 千克（麸皮 500 克，食盐 50 克，碳酸钙 50 克，水约 5 升），以利于母牛尽快恢复体力和排出胎衣。

（2）日粮配比。产后母牛消化功能较差，食欲不佳，粗饲料以优质干草为主，自由采食。精料换成泌乳料，视食欲状况和乳房消肿程度逐渐增加饲喂量。精、粗比按 4∶6 配比。每千克日粮干物质含钙 0.6%、磷 0.3%，粗蛋白含量提高到 17%，粗纤维含量不少于 18%。产后 2 至 3 天内日粮应以优质干草为主，精料可饲喂一些易消化的食料如麸皮和玉米等，每天 3 千克。2 至 3 天后开始逐渐用配合精料替换麸皮和玉米，一般产后第 3 天替换 1/3，第 4 天替换 1/2，第 5 天替换 2/3，第 6 天全部饲喂配合精料。母牛产后 7 天如果食欲良好，粪便正常，当乳房水肿消失后，可开始饲喂青贮饲料和补喂精料。精料的补加量为每天 0.5 ～ 1 千克。同时可补加过瘤胃脂肪（蛋白）添加物，减少负平衡。

（3）饮水。母牛产后 1 ～ 7 天要饮用 37℃ 的温水，不宜饮用冷水，以免引起胃肠炎，7 天后饮水温度可降至 10℃ ～ 20℃。

第六节　泌乳期奶牛的营养需求及饲养管理技术

奶牛在产犊之后经过了围产期，进入泌乳期，泌乳期时间的长短会因为品种、胎次、年龄、产犊季节和饲养管理条件的不同而存在差异性，通常会持续 280 ～ 320 天，但是国际标准定为 305 天。实际生产中会根据奶牛的泌乳规律，将泌乳周期分为 3 个阶段，分别是泌乳前期、泌乳中期和泌乳后期。这一时期饲养场的饲养管理条件会直接对产奶量以及再次发情产生影响，此外也会对奶牛以后的产奶量和产奶年限造成影响。

在生产上，按泌乳的不同阶段分群饲养，可做到按奶牛的生理状态科学配方、合理投料，而且日常管理方便，可操作性强。

一、泌乳前期的营养需求及饲养管理技术

1. 泌乳前期

泌乳前期指产后 16 ～ 100 天的泌乳阶段，此阶段产奶量约占周期总产奶量的 50%，也称泌乳盛期。

2. 管理方面

奶牛在产后15天左右,乳房变软恢复正常,完全没有水肿,此时产道也得到彻底的恢复,这时就可以提高奶牛饲料的投喂量，迎接泌乳高峰期的到来。这一时期属于奶牛产奶的关键时期，所以应该给奶牛营造良好稳定的饲养环境，最大限度地发挥奶牛的生产潜力，保障泌乳高峰的持续时间，可以实现稳产且高产的生产目标。

泌乳前期奶牛饲养管理的要点：

（1）增加投喂量。适当增加饲喂次数，有条件的牛场最好采用 TMR 饲养，如果没有 TMR 搅拌车，可以利用人工 TMR。

（2）监测发情。搞好产后发情检测，及时配种。一般奶牛产后30 ～ 45 天生殖器已逐步复原，有的开始有发情表现，这时可进行直肠检查，及早配种。

（3）防止掉膘。掉膘严重的奶牛酌情补喂过瘤胃脂肪。

（4）监测产奶量。若奶牛未能达到预产期的产奶高峰，应检查日粮的蛋白质水平。

3. 营养方面

处于泌乳前期的奶牛应该采食优质的粗饲料和高能量、高蛋白的精料。但是此时不能给奶牛饲喂含水量大的青草、青饲玉米和其他多汁饲料及糟渣类等，避免影响奶牛的采食量，从而影响奶牛的泌乳量。

（1）高能量饲喂。通过采食高能量饲料而降低酮病的发生，同时提高产奶量并且维持适宜的体重。

（2）稳定精料供应。精饲料的供应基本保持稳定量，度过泌乳前期再根据实际情况进行合理的调整。

（3）自由采食优质饲草。必须保证供应给奶牛充足的优质饲草，并且任其自由采食。

（4）充足饮水。同时要确保奶牛饮用充足的饮水，可以有效降低消化系统疾病的发生概率。

在日粮精粗比 6:4、粗纤维含量不低于 15% 的前提下，积极投放精料，提供优质干草，保证高产奶牛每头每天 3 千克羊草、2 千克苜蓿草的饲喂量。干物质采食量由占体重的 2.5%～3.0% 逐渐增加到 3.5% 以上，粗蛋白水平 16%～18%，每千克饲料干物质含 2.3 个奶牛能量单位，含钙 0.7%、磷 0.45%。加大饲料投喂，奶料比为 2.5:1。

二、泌乳中期的营养需求及饲养管理技术

1. 泌乳中期：泌乳中期指产后 101～200 天的泌乳阶段。

2. 饲养管理

这个时间段应该将饲养重点放在延长泌乳高峰时间方面，以确保可以获得比较高的产奶量。此阶段产奶量渐减（月下

减幅度为 5% ～ 7%)，可按"料跟着奶走"原则，即随着泌乳量的减少精料可相应减少，尽可能增加粗饲料饲喂量，饲喂多样化、适口性好的全价日粮，满足奶牛的营养需要，尽量延长奶牛的泌乳高峰。在奶牛生产之后的 140 ～ 150 天会进入泌乳的相对稳定阶段，这个时间通常会持续 50 ～ 60 天。但是在奶牛生产之后的 182 天，泌乳量会呈现逐渐下降的状态，此阶段奶牛体内的大部分能量都会继续用于泌乳所需，另外一部分的能量会贮存在机体中以增加体重所需。

此阶段对瘦弱牛只要稍增加精料，以利于恢复体况。此阶段为奶牛能量平衡，奶牛体况逐渐恢复，日增重 0.25 ～ 0.5 千克。

3. 营养需求

此阶段的奶牛适宜采食全价的混合饲料，同时在实际生产中根据具体的产奶量情况而逐渐将精料量减少。奶牛每天摄入精饲料的量应该每间隔 10 天根据奶牛实际体重和产奶量加以合理调整。此外要保证奶牛采食干草的量，在适宜的范围内将青贮和多汁饲料的供应量降低。

日粮干物质应占体重的 3.0% ～ 3.2%，奶牛能量单位为 2.1 ～ 2.2，粗蛋白水平 14%，粗纤维不少于 17%，钙 0.65%，磷 0.35%，精、粗料比以 40∶60 为宜。

三、泌乳后期的饲养管理技术

1. 泌乳后期：泌乳后期指产后 201 天至停奶阶段。这一阶段时长不固定，一般会认为是到产后 305 天。

2. 饲养管理

进入怀孕后期，奶牛表现食欲很旺盛，消化机能很强，此阶段饲养管理要点是保证奶牛自身和瘤胃健康，更重要的是微生物的健康和胎儿的健康。

（1）增重快。此时怀孕母牛会进入胎儿快速发育而奶牛的自身增重也加快的阶段，所以需要大量的营养摄入。

（2）恢复为主、加强管护。此阶段饲养管理要点应以恢复牛只体况为主，加强管理、预防流产。

（3）做好产奶管理。此阶段尽量维持产奶量少下降，每个月下降幅度控制在 10% 以内，如下降加快，可能原因是干物质采食量不足，营养不能满足，或者能量与蛋白质不平衡。此时还应做好停奶准备工作，为下一个泌乳期打好基础。

（4）调节膘情。此阶段对营养物质的利用率比干奶期要高，要利用此阶段调节奶牛的膘情。如果这一阶段奶牛膘情变化较大，则最好分群饲养以便根据膘情饲喂。

3. 营养需求

此时供应给奶牛的饲料主要以粗饲料为主，而多汁饲料相应减少，在合理的范围内提高精料的比例，调控好精料比例，防止奶牛过肥。实际生产中主要是通过添加胡萝卜和矿物质实现。不可以给奶牛饲喂冰冻、发霉或者出现变质情况的饲料。

此阶段日粮干物质应占体重的 3.0% 左右，奶牛能量单位 2.0（NND），粗蛋白水平 13%，粗纤维不少于 20%，钙 0.55%，磷 0.35%，精、粗料比以 30∶70 为宜。到妊娠后期，适当增加精料喂量，每天可喂 2～3 千克，以满足胎儿生长发育的需要。

第七节　干乳期奶牛的营养需求及饲养管理技术

一、干乳期奶牛饲养管理

1. 干乳期

是指奶牛停止挤奶至分娩前 15 天。牛的干奶期应根据其体质体况等因素确定，通常为 45 ～ 75 天，平均为 60 天。对初产牛、高产牛及瘦牛可适当延长干奶期（65 ～ 75 天）。对体况较好、产奶量低的牛，可缩短为 45 天。处于干乳期阶段的奶牛称为干乳期奶牛。

2. 干乳期饲养管理

（1）增加奶牛的运动量，保持奶牛良好的体况。

（2）停止按摩乳房，逐渐减少挤奶的次数，最后完全停止挤奶，迫使奶牛停奶，尽量用 1 ～ 2 周的时间成功干奶。

（3）始终做到分槽饲喂干奶牛。干奶牛与其他奶牛同槽采食，因竞争力差，限制了其在干奶期这一关键时期的采食量，会增加发生代谢问题的危险。

（4）保持奶牛整个干奶期到分娩的体况，防止出现肥胖干奶牛。

常用的干奶方法：

（1）逐渐干奶法：这种方法一般用于高产奶牛。

用 1 ～ 2 周的时间使牛泌乳停止。一般采用减少青草、块根、块茎等多汁饲料的喂量，限制饮水，减少精料的喂量，增加干草喂量，增加运动和停止按摩乳房，改变挤奶时间和挤奶次数，打乱牛的生活习性，挤奶次数由 3 次逐渐减少到 1 次，最后，迫使奶牛停奶。

（2）快速干奶法：该法适用于中、低产牛。

在5～7天内将奶干完。一般采用停喂多汁料，减少精料喂量，以青干草为主，控制饮水，加强运动，使其生活规律骤变。在停奶的第一天，由3次挤奶改为2次，第二天改为1次。当日产奶量下降到5～8千克时，就可停止挤奶。最后一次挤奶要挤净，然后用抗生素油剂或青链霉素注入4个乳区，再用抗生素油膏封闭乳头孔，或用其他干奶药剂一次性封闭乳头。

（3）骤然干奶法。

表3-4 成年奶牛干奶期营养需要标准

体重（千克）		350	400	450	500	550	600	650	700
干物质（千克）		8.70	9.22	9.73	10.24	10.72	11.20	11.67	12.13
奶牛能量单位（NND）		15.78	16.80	17.73	18.66	19.53	20.4	21.26	22.09
产奶净能	兆焦（MJ）	49.54	52.72	55.65	58.54	61.30	64.02	66.70	69.33
可消化粗蛋白质，DCP（克）		505	530	555	579	603	626	648	670
粗蛋白质，CP（克）		777	815	854	891	928	963	997	1031
钙，Ca（克）		45	48	51	54	57	60	63	66
磷，P（克）		25	27	29	32	34	36	38	41
胡萝卜素（毫克）		67	76	86	95	105	114	124	133
维生素A（1000单位）		27	30	34	38	42	46	50	53

注：在生产上应根据母牛不同妊娠阶段对其营养做必要的调整，如妊娠后期，母牛营养状况良好，则不必再增加营养供应，但如牛体况较瘦，则应适当增加营养供应。

在预定干奶日突然停止挤奶，依靠乳房的内压减少泌乳，最后干奶。一般经过3～5天，乳房的乳汁逐步被吸收，约10天乳房收缩松软。对高产牛应在停奶后的1周再挤1次，挤净奶后注入抗生素，封闭乳头，或用其他干奶药剂注入乳头并封闭。

无论哪种干奶方法，都应观察牛只乳房情况，发现乳房肿胀变硬，奶牛烦躁不安时，应及时把奶挤出，重新干奶。如有乳房炎症，应及时治疗，待炎症消失后，再进行干奶。

二、干奶期营养需求

此阶段主要以优质青干草为主，并喂以适量的青绿块根饲料和精料，精料饲喂不宜过量，一般混合精料为 2.5 千克左右。干乳后期需增加日粮营养，降低混合精料中钙的喂给量，以适应奶牛产后需要。此阶段精粗料喂量比确定在 3:7 左右为宜。奶牛的干奶期注意钙、磷的饲喂量，并保证日粮中的钙磷比为 1:1 ～ 1.5:1，以防止母牛发生产后瘫痪。

第四章 奶牛繁育技术

奶牛的产奶期是305天左右，经产母牛在产后的第3个月开始配种怀孕，也有的从产后45天开始配种，一边怀孕一边产奶，然后是奶牛怀孕后期的2个月时间作为干奶期，让奶牛为产犊和下一个泌乳期做好准备。奶牛的挤奶周期和繁殖周期息息相关，两者都做好饲养管理，才能发挥奶牛最大的生产能力。

第一节 发情

一、发情鉴定

发情鉴定可以说是繁育工作的重中之重，发情鉴定准确，则返情率就低，空怀母牛就少，产犊率就高。

1. 初情期

奶牛初情期是指奶牛第一次出现发情表现并排卵的时期，是性成熟的初级阶段，是具备繁殖能力的开始，但这时的生殖器官仍在继续生长发育。初情期的早晚依品种不同和营养状况而异，荷斯坦奶牛后备母牛一般在6～12月龄之间出现发情较普遍，有少数后备母牛甚至早在4～6月龄就出现发情。后备母牛饲养水平过低，饲粮营养不全，初次发情时间延迟。奶牛初情期后，生殖器官迅速发育，具有繁殖后代的能力，达到性成熟，其时间一般为8～10月龄。已达到性成熟的母牛虽有繁殖后代的能力，但是身体发育尚未成熟，生殖机能还不健全，生殖器官的发育尚未完全成熟，发情不规律，排卵数量少，此时配种影响奶牛本身的生长发育，并且受胎率低，故一般不宜配种。

2. 性成熟

奶牛性成熟是指生殖器官发育成熟，发情和排卵正常并具有正常的生殖能力。母牛一般在 6 ～ 12 月龄时开始性成熟。达到性成熟后，其身体仍处在生长发育阶段，经过一段时间后，才能达到体成熟。性成熟只表明生殖器官开始具有正常的生殖机能，并不意味着身体发育完全。如果此时就开始配种，则会影响其身体的发育，造成个体矮小、难产等，降低种用价值，缩短产奶年限和繁殖能力。一般应在奶牛达到或接近体成熟时配种最好。

3. 奶牛体成熟

奶牛体成熟是指身体各器官系统基本发育成熟，体重达到成年体重的 70% 左右，这时称为体成熟。母牛的初配年龄应根据牛的品种及其具体生长发育情况而定，一般比性成熟晚些，建议在体成熟时开始配种。我国大多数地区奶牛的初配年龄为 15 ～ 18 月龄，母牛体重应超过 350 千克（约占成年体重的 70%）。

二、奶牛发情

1. 发情周期

奶牛是常年发情的家畜，发育到一定年龄，达到性成熟而未怀孕的母牛，生殖器官及整个机体便发生一系列周期性的变化，这个规律性的周期称为发情周期。一般把上次发情开始到下次发情开始的这段时间称为一个发情周期。

荷斯坦奶牛的发情周期一般为 21 天左右，范围为 18 ～ 24 天，也就是说，如果此次发情没有配种或配种后没有受胎，母牛会在 21 天以后再次发情。青年母牛的发情周期一般比成年母牛短，多为 17 ～ 19 天，而年老体弱的母牛则长达 23 ～ 26 天。　发情时，卵巢上有卵泡迅速发育，它所产生的雌激素作用于生殖道使之产生一系列变化，为受精提供条件。雌激素还能使母畜产生性欲和性兴奋，以及允许雄性爬跨、交配等外部行为的变化，这种生理状态称为发情。奶牛发情持续时间平均为 20 小时。

2. 发情表现

目前奶牛场普遍采用人工授精的配种方式，发现、鉴定发情母牛的工作主要靠人来完成，饲养管理人员可以从发情表现来判断奶牛是否发情。发情表现是母牛在发情中从外观上可以看到的变化，有行为变化、外阴部变化等现象。

（1）行为变化：母牛发情早期通常表现出一定程度的紧张和不安，举止活泼、爱离群，通常不吃草，到处游走或跑动，并且不断进行摆尾、举尾、排尿、耳朵直立，并频繁翘鼻子、努嘴和嚎叫。喜欢接近比它高大的母牛，追赶其他母牛，用头顶其他母牛臀部，嗅舔其外阴，并试图爬跨，爬跨时经常会有滴尿现象，并且发出低声的呻吟，但不接受其他母牛爬跨，注意外界声音。发情旺期的母牛接受其他牛的爬跨，既不反抗也不走开，行为表现转为温和。接受其他牛爬跨是母牛发情旺期的最重要、最具意义的特殊表现，是确定母牛发情的最有价值和最准确的指标。该行为比较容易观察，一般延续 16 ～ 30 小时，平均为 16 小时。产奶母牛在发情期的产奶量会有所下降。

（2）外阴变化

在雌激素的作用下，奶牛进入发情状态，外阴部逐步由微肿变得肿大饱满、柔软松弛、阴唇潮红、泛光泽、皱褶消失，两侧阴唇容易拨开，可以看见阴道黏膜发红、潮湿。等到排卵后，阴部肿胀自然消退，阴唇充血和潮红也开始消退。一般在出现性欲前 2 小时左右，阴户开始流出黏液并逐渐增多，流至尾巴和后躯。黏液由最初的清亮变黏稠。到排卵前，排出的黏液会由清亮变成乳白色。多数发情母牛在发情后期会看到阴道出血的现象，这是正常生理现象，是发情结束的标志。

3. 记录发情

根据发情表现，奶牛场饲养管理人员，应判断并记录自己所管理牛群的每头未妊娠（空怀）母牛的发情时间，无论配种（输精）与否，都要在下次发情到来时有针对性地对该头奶牛详细观察，看其是否发情，以免漏掉。

4. 鉴定发情的常用方法

（1）观察法：观察奶牛行为异常、外阴变化，内容见前面发情表现。

（2）阴道检查法：扩张阴道，观察阴道黏膜变化，是否有潮红、黏液增多、宫颈口松弛等。

（3）直肠检查法：手臂深入直肠内，触摸卵泡发育情况，判断配种时间。

三、排卵

母牛排卵是发生在接受爬跨结束后 18 小时左右这段时间

内，大多数集中在母牛拒绝爬跨后 8 ～ 12 小时开始排卵，排卵标志着发情已经结束。此时卵泡破裂，卵子排出，排卵后 6 ～ 8 小时形成黄体，黄体可被摸到，也是直肠检查的一个重要指标。

四、奶牛的异常发情

奶牛常见的异常发情主要包括以下几种：

（1）隐性发情，也叫暗发情：奶牛缺乏发情征状或发情征状不明显，但有卵泡发育成熟并排卵。引起隐性发情的主要原因是体内生殖激素分泌比例失调。隐性发情母牛易漏情，必须重点观察，配合直肠检查判断。隐性发情母牛约占适龄母牛的 5%，如果不注意仔细观察，常错过其配种机会造成母牛空怀，从而降低了母牛的繁殖率，加大了养牛成本。

（2）短促发情：母牛发情持续时间很短，其原因是卵泡发育很快，成熟破裂而排卵，性行为表现不充分。也可能是卵泡发育受阻引起的。

（3）断续发情（排卵延迟）：母牛的发情时断时续，发情延续时间很长，这是因为卵泡交替发育所致。营养不良的牛易发生，所以，应当加强和改善这些母牛的饲养管理。

（4）孕后发情（假发情）：也叫孕期发情，约有 5% 的母牛在妊娠的头 3 个月内会出现这种情况，其原因是妊娠黄体分泌的孕酮不足，而卵泡分泌的雌激素过量。孕后发情往往会发生误配而流产。因此，在生产中应做好配种记录，进行早期妊娠诊断，及早验胎。

（5）持续发情：发情持续时间很长，见于卵泡囊肿，称"慕雄狂"。

（6）不发情（真性乏情）：母牛处于长期不发情状态，其原因有母牛的营养不良、卵巢和子宫疾病（黄体囊肿、持久黄体、子宫内膜炎）、肢蹄病、高产牛泌乳高峰期不发情等。

第二节　配种

一、遗传物质

1. 冻精

冻精就是冷冻精子，即从动物繁殖计划考虑，将遗传性能优秀的雄性动物精子冷冻保存，常规保存于 -196℃液氮内，方便大规模推广使用，以提高后代动物生产性能。精子冷冻后，生物活性停止，理论上可长期保存。

2. 冷冻胚胎

指冷冻保存的胚胎，常规保存于 -196℃液氮中。

3. 性别控制

奶牛的性别是由性染色体决定的。在生产中人们希望母牛多产母犊以加快奶牛群的扩繁速度和提高牛群的产奶量，由此就用到了奶牛性别控制技术。

（1）性别控制技术：性别控制技术是指雌性动物通过人为地干预而繁殖出人们所期望性别后代的一种繁殖技术。该技术可以按照生产需求人为地控制动物后代的性别，快速繁育高产家畜，加速家畜育种进程，提高畜牧业的经济效益，促进畜牧业发展。

（2）性控冻精：奶牛 XY 精子分离性别控制技术是指将牛的精液根据含 X 染色体和 Y 染色体精子的 DNA 含量不同而

把这两种类型的精子有效地进行分离后，将含 X 染色体的精子分装冷冻后，用于牛的人工授精，而使母牛怀孕产母牛犊的技术，在种公牛培育时，需要用 Y 染色体精子人工授精，这种根据精子 X、Y 染色体的不同而分装冷冻的冻精就叫性控冻精。

（3）性控胚胎：采用性控冻精制作的胚胎叫作性控胚胎。

4. 冻精解冻

目前常见细管冷冻精液，其解冻可将细管直接投入 40℃ ±2℃的温水中，待管内精液融化一半时，立即取出备用。人工授精员也可将细管冷冻精液装入贴身的衣袋内，通过体温使其解冻。

胚胎解冻需要在专门的解冻液中完成。

二、同期发情

1. 同期发情的意义

在自然状态下，整群母牛发情不整齐或不一致，会导致配种和产犊期较长，而且自然发情配种后母牛产犊间隔时间较长，也不利于犊牛的集中管理。因此，在奶牛繁育中，应提倡奶牛同期发情集中配种。

同期发情是利用某些激素制剂，人为地控制并调整一群母牛发情周期，使之在预定的时间内集中发情，以便有计划地合理组织配种。同期发情有利于开展人工授精，能更广泛地应用冷冻精液；便于合理组织大规模生产和科学化管理，节省人力、物力，提高母牛的繁殖率。应用同期发情可使供体和受体处于相同的生理状态，有利于胚胎移植时胚胎的生长发育，因此是胚胎移植的重要一环。

2. 同期发情方法

同期发情基本上采用激素调控的方法来人为地控制和调整母牛发情周期，使一群母牛中的绝大多数能按计划在几天时间内集中发情、集中配种。目前常用方法是在空怀母牛生殖道内埋置孕激素海绵栓，8天后撤栓并肌肉注射PG（育成牛5毫升，成母牛6毫升），第二天开始观察发情并记录，稳定接受爬跨时是适宜配种的信号。

3. 适宜配种时间

一般在注射PG后第7天，成年母牛发情接受爬跨后，8～12小时配种，育成母牛发情接受爬跨后，16～18小时配种。

三、人工授精

1. 人工授精技术

人工授精（AI）是指采用非本交的方式利用器械将精液输送到发情雌性家畜生殖道中以达到使母家畜怀孕目的的一种辅助生殖技术。此法优点是可大大提高优秀种公牛的利用率，节约大量种公牛的饲养费用，加速牛群的遗传进展，同时还可防止疾病的传播。

2. 人工授精技术操作要点

确认受体牛处于发情状态。

输精员要保持良好的卫生习惯，及时修剪指甲，实施人工输精前做好自身和器械消毒工作，同时对奶牛后躯清洗消毒时需要使用流动水，具体如下。

（1）输精器械消毒：奶牛输精所用器械，必须严格消毒。消毒方法主要为蒸煮法或烘干法。其中输精器如果是球式或注射式，先冲洗干净，再用纱布包好，放入消毒盒内，蒸煮半小时，也可放入烘干箱进行烘干消毒。细管冻精所用的凯式输精枪，通常在输精时套上塑料外套，再用酒精棉擦拭外壁消毒。一支输精器一次只能为一头奶牛输精。

（2）奶牛后躯消毒：奶牛在配种前，需要对其阴门部位进行消毒，因为牛只在圈舍内走动、起卧时，极易在外阴部沾上粪便。具体消毒步骤如下：先用清水将牛只外阴、肛门等部位冲洗干净，然后再用 0.1% 高锰酸钾溶液进行消毒，最后用消毒纸巾擦干。若配种过程中突然出现排粪现象，应在保持输精枪不拔出的情况下，按照上述操作过程重新消毒。

（3）输精前准备：输精员在实施人工输精时要切实做好消毒卫生工作。在输精前需要剪短指甲并磨光，洗手后用消毒纸巾或毛巾擦干，再用 75% 酒精棉擦手。配种时戴好长臂手套，在手套内预先放入少量石粉，使手能较为方便地伸入手套。同时，输精员应穿戴好工作衣帽，穿上长筒胶鞋。

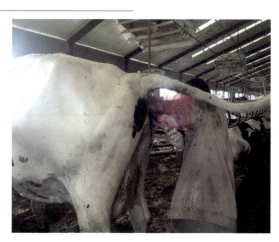

图 4-1　人工输精

3. 直肠把握法人工输精技术

采用直肠把握子宫颈输精法，输精员首先戴上塑料长臂手套，按摩肛门，手臂进入直肠时，避免与直肠蠕动相逆的方向移动。分几次掏出粪便，防止空气进入直肠引起膨胀。通过直肠壁用手指插入子宫颈的侧面，伸入宫颈下部，然后用食、中、拇指握住宫颈。另一只手将输精枪以 35°～45°向上进入分开的阴门前庭后段，略向前下方进入阴道宫颈段，人工输精的部位要准确，一般以子宫颈深部至子宫体为宜。禁止以输精枪硬戳的方式进入，严防粗暴动作损伤奶牛生殖道。插枪时的力度一定要缓慢，以免损伤子宫黏膜，造成出血。

四、胚胎移植

奶牛的胚胎移植是指将一头良种母牛配种后的早期胚胎取出，移植到另外一头或数头同种的、生理状况相同或相似的母牛生殖道的适当部位，使之继续发育成新个体的过程。供体通常是选择优良品种或生产性能高的个体，其职能是提供移植用的胚胎。而受体则只要求是繁殖机能正常的一般母牛，其职能是通过妊娠使移植的胚胎发育成熟，分娩后代。受体母牛不提供遗传物质，所以，胚胎移植实际上是以"借腹怀胎"的形式生出供体的后代。这是一种使少数优良供体母牛产生较多的具有优良遗传性状的胚胎，使多数受体母牛妊娠、分娩而达到加快优良供体母牛品种繁殖的一种先进繁殖生物技术。如果说人工授精技术是提高种公牛利用率的有效方法，那么胚胎移植则为提高良种母牛的繁殖力提供了新的技术途径。胚胎移植技术充分发挥了母牛繁殖潜力，从而有效地促进遗传改良，可以在短时间获得大批的良种后代，大大加速了良种化进程。

　　胚胎移植实际上是多个繁殖技术的综合，主要包括母牛的同期发情、超数排卵、胚胎采集、胚胎体外保存和培养，以及将胚胎植入受体母牛等一系列技术。根据胚胎在体外的保存方法，可分为鲜胚移植和冻胚移植两种。冻胚移植受胎率约为35%，鲜胚移植受胎率高于冻胚。

　　现在，胚胎移植技术已得到成熟应用并广泛推广，其操作技术要点类似人工授精。

第三节　妊娠

一、妊娠诊断

　　尽早对配种后的奶牛进行妊娠诊断有很高的生产和经济价值，对奶牛生产意义重大。如果能早期判断母牛受孕，可尽早按照妊娠母牛进行饲养管理，做好安胎、保胎工作，防止早期流产。如果未受孕，则要及时采取措施，促使母牛再次发情，及时配种，防止失配影响母牛生产力，造成饲料浪费，增加养殖成本。常见的怀孕奶牛诊断方法主要包括以下几种：

　　1. 外部观察法

　　奶牛妊娠后，在食欲、眼神、行为、运动、被毛、腹围、泌乳、阴门等方面都会发生变化。一般情况下，妊娠奶牛性情变得温顺，采食量增加，行动稳健，膘肥且被毛光亮。

　　2. 直肠检查法

　　直肠检查法一般是繁育员用左手隔着直肠触摸妊娠子宫、子宫中动脉和胎儿的变化情况，并据此判定奶牛是否妊娠和确定妊娠时间。这种方法是奶牛早期主要的妊娠诊断方法之一，准确率高于95%。

3. 阴道检查法

阴道检查法是根据奶牛阴道状态判断其妊娠与否。怀孕后阴道黏膜由粉红变为苍白，无光泽，表面干燥。怀孕2个月后，子宫颈附近有浓厚的黏液。

4. B超检查法

利用手持B超仪影像诊断。

5. 其他检查法

除上述妊娠诊断方法外，还可以观察奶牛巩膜表面是否有明显的血管粗细变化或血管暴露，妊娠母牛瞳孔的正上方虹膜上会出现3条特别露出的垂直血管，即妊娠血管，突出于虹膜表面，呈紫红色。检查乳或血浆中孕酮含量的变化，以及利用牛奶酒精反应实验等方法进行妊娠诊断。

二、奶牛妊娠期

奶牛的妊娠期一般为275～285天，平均280天。

第四节 分娩

一、准确计算预产期

母牛配种后即行登记，推算预产期，提前做好接产准备。

二、奶牛的分娩过程

奶牛的分娩过程包括子宫开口期、胎儿产出期和胎衣排出期，一般需要十多个小时。

1. 子宫开口期是指从子宫颈开始阵缩到子宫颈完全扩张，

平均为6小时（历经1~12小时），经产母牛较快，初产牛较慢。子宫颈口张开，羊水流出，只有阵缩而不出现努责。由于子宫颈的扩张和子宫肌的收缩，胎儿和胎膜被推向已松弛的子宫颈，子宫收缩开始由慢到快，随着时间的推进，产程推进，母牛子宫收缩频率加快，强度加强，持续时间逐渐变长。

2. 胎儿产出期是指从子宫颈完全张开到胎牛排出母体，产出期一般为1~4小时，初产母牛比经产牛慢。阵缩和努责的共同作用完成胎儿的产出，努责是排出胎儿的主要力量，它比阵缩出现晚停止早，应尽快让胎儿排出。

3. 胎衣排出期是指胎儿产出到胎衣排出的这段时间。牛的胎衣正常排出期为4~6小时，最多不超过12小时。

三、接产

接产时，要仔细对奶牛的外阴和后躯、助产人员的手臂及助产器械等进行严格消毒，一般采用0.1%~0.2%的高锰酸钾溶液。奶牛分娩时，需要保持环境安静，使其向左侧躺卧。正常分娩情况下，犊牛两前肢会夹着头先露出，此时只需做好接产即可。接产员每30分钟巡视一次围产舍，出现产程异常的牛只应立即检查，研判确定是否需要助产。

四、助产方式

当奶牛发生以下情况时需要助产：奶牛分娩期已到，临产状况明显，阵缩和努责正常，但久不见胎水流出和胎儿肢体，或胎水已破达1小时以上仍不见胎儿露出肢体时，应及时检查，并采取矫正胎位等助产措施，使其产出；在难产助产的控制过程中，胎儿先露，看到胎头、前肢或后肢后应立即助产，助产时，动作要缓慢使劲，不能强拉、猛拉，防止产道损伤和感染；如胎儿仍难以产出，则应及早采取剖腹术；助产不宜过早人工介入，有时再坚持 5 ~ 10 分钟就可能自然分娩。

图 4-2 子宫内正常胎位

五、牛初乳

初乳是指母牛产犊后 1 周内，特别是头 3 天内所产的奶，它对新生犊牛具有十分重要的生物学意义。初乳具有很高的营养价值，但不能混在正常的商品奶中，只能用来喂犊牛。

牛初乳蛋白质含量较高，含有大量免疫球蛋白、乳铁蛋白、溶菌酶等，经科学实验证明具有免疫调节、改善胃肠道、促进生长发育等生理活性功能。牛初乳是小牛降临后得到免疫的唯一途径，通过初乳，小牛能获得被动免疫，增强机体对疾病的抵抗力，是牛犊最有效的疫苗，但是不能加温，若温度过高，就会破坏这些活性。

六、胎衣不下

在奶牛繁育工作中经常会遇到奶牛的胎衣不下。有统计数据表明，胎衣不下的发生概率为 20% ~ 25%。通常情况下，产后 12 小时后奶牛的胎衣未脱落即可认定为胎衣不下。对这种牛要尽早处理，以免造成牛的全身感染。

目前，对于奶牛胎衣不下的处理方法有三种，一为抗生素子宫灌注，二是手术剥离，三是激素处理。抗生素子宫灌注采用：土霉素15克加500毫升生理盐水，子宫灌注，每隔2天一次，连续冲洗3～4次，一般7～8天时胎衣可容易脱出；手术剥离，则对技术、环境等条件要求较高，需要由专业人员操作；激素处理大多数是使用前列腺素，但存在起效慢和成本高的弊端。

第五章　奶牛生产性能测定及乳成分检测

第一节　奶牛生产性能测定

一、奶牛生产性能测定技术

奶牛生产性能测定，是对奶牛泌乳性能及乳成分的测定，通常用英文字母 DHI（Diary Herd Improvement）表示。奶牛生产性能测定（DHI）技术是通过奶成分分析，对奶牛场的牛只和牛群状况进行科学评估，依据科学手段适时调整奶牛场饲养管理，最大限度发挥奶牛生产潜力，达到奶牛场科学化和精细化管理的目的。

奶牛生产性能测定自 1906 年诞生以来，经过 100 多年的发展，已经逐渐演变为综合的牛场管理方案，旨在向奶农提供全面的牛场管理信息。1953 年，美国、加拿大两国正式启动了"牛群遗传改良计划"，即奶牛生产性能测定计划，世界奶业发达国家如丹麦、瑞典、荷兰等国家 DHI 测定比例高达 80% 以上，以色列全部牛群已参加生产性能测定。几十年的发展证实，通过应用 DHI 测定这一先进技术体系来为奶农提供指导服务，对提高奶牛单产和牧场饲养管理水平发挥了重要作用，可以产生巨大的经济效益。

二、生产性能测定的意义

1. **可以完善奶牛生产记录体系。**一是奶牛 DHI 测定可为奶牛养殖场提供完整的生产性能记录体系，对牛场进行科学管理提供可靠依据；二是 DHI 测定提供了有效的量化管理牛群工具，并且这种量化能够针对每一个个体牛只进行数字化的管理。对于部分系谱档案记录不完整的养殖场，通过生产性能测定也能逐渐完善奶牛生产记录，为以后的牛群科学管理提供良好的基础。

2. 提高原料奶质量。只有高质量的原料奶才能生产出高质量的乳制品，并带来高的经济效益。参加 DHI 测定，可以通过调控营养水平和改进牛群的生产管理，科学有效地控制牛奶乳脂率、乳蛋白率、体细胞数，生产出达到理想成分指标和卫生指数的优质牛奶。在 DHI 测定中，每月要精确测定每头牛的乳脂率、乳蛋白率及体细胞数等。

3. 指导牧场兽医防治。通过 DHI 报告，一是可掌握奶牛产奶水平的变化，准确把握奶牛健康状况。二是分析乳成分的变化，判断奶牛是否患酮病、慢性瘤胃酸中毒等代谢病。三是通过监测体细胞的变化，能及早发现乳房损伤或感染，特别是为及早发现隐性乳房炎并为制定乳房炎防治计划提供科学依据，从而能有效减少牛只淘汰，降低治疗费用。除此之外，产后牛奶中体细胞数高的牛只，也可能存在卵巢囊肿、子宫内膜炎等繁殖疾病，DHI 测定可使这样的牛只提前得到及时治疗，提高生殖道的健康水平，从而提高牛群的受胎率。

4. 提高饲料利用效率。乳成分含量变化能在一定程度上反映出奶牛的营养和代谢情况，反映饲料主要营养物供给量是否合适，进而指导日粮调配及营养水平。DHI 测定报告还提供脂蛋白比，反映奶牛日粮中谷类饲料和粗饲料比例是否合适，以及日粮中蛋白质代谢的效率，能准确反映出奶牛瘤胃中蛋白质代谢的有效性，可根据牛奶尿素氮的高低改进饲料配方，提高饲料蛋白质利用效率，降低饲养成本，增加经济效益。

5. 推进牛群遗传改良。生产性能记录也是进行种公牛个体遗传评定的重要依据，只有准确可靠的生产性能记录才能保证不断选育出遗传素质高的优秀种公牛。对于牛场而言，可以参照 DHI 测定准确且全面的记录，实现针对个体牛进行科学的选种选配，达到加大选择强度，提高后代的质量，不断提高整个牛群遗传水平的目的。建立 DHI 体系，对加快奶牛改良速度，提高奶业生产水平，以及从源头上控制奶制品安全具有重要意义。

6. 科学制定管理计划。DHI 测定报告不仅可以实时反映个体的生产表现，追溯牛只的历史表现，还可依据牛只生产表现所处生理阶段实现科学的分群饲养管理，同时依据投入及产出预测利润，实现科学淘汰牛只，还可根据牛群生产性能情况编制各月生产计划和相应的管理措施。

三、我国奶牛生产性能测定情况

我国奶牛 DHI 测定工作开始于 1992 年，最早开始于天津。1995 年随着中国－加拿大综合育种项目实施，先后在上海、北京、西安、杭州等地开展奶牛 DHI 测定工作。截至 2008 年底全国参加生产性能测定的奶牛超过 30 万头。2008 年，当时的农业部立项在 16 个省（市、自治区）建立了 18 个 DHI 实验室推广该项技术。到 2009 年 12 月，全国参测的牛场达到了 1024 个，参测奶牛 52.8 万头次。DHI 测定技术在我国起步虽晚，但推广迅速，越来越多的牛场开始接受和应用此项技术。内蒙古自治区从 2008 年开始开展 DHI 测定工作，参测奶牛产奶量、乳成分、体细胞数等都有显著提高。2021 年全区参测牛场 63 家，测定奶牛 18.34 万头次，测定日平均产奶量 34.3 公斤，与 2008 年测定初期相比日平均产奶量提高了 47.8%；平均乳脂率 3.97%，增加了 11.8%；乳蛋白率 3.39%，增加了 1.5%；平均体细胞数 18.1 万个 / 毫升，较 2008 年降低了 58.6%。

第二节　奶牛生产性能测定（DHI）操作流程

生产性能测定流程主要包括牧场的初期工作、实验室分析以及数据处理三部分。

一、样本采集

1. **测定牛群要求**：参加生产性能测定的牛场，应具有一定生产规模，采用机械挤奶，并配有流量计或带搅拌和计量功能的采样装置。生产性能测定采样前必须搅拌，因为乳脂比重较小，一般分布在牛奶的上层，不经过搅拌采集的奶样会导致测出的乳成分偏高或偏低，最终导致生产性能测定报告不准确。

2. **测定奶牛条件**：测定奶牛应是产后一周以后的泌乳牛。养殖场、养殖小区或农户应具备完好的牛只标识（牛只档案和耳号）、系谱和繁殖记录，并保存所有牛只的出生日期、父号、母号、外祖父号、外祖母号、近期分娩日期和留犊情况（若留养的还需填写犊牛号、性别、初生重）等信息，在测定前需随样品同时送达 DHI 测定中心。

3. **采样**：对每头泌乳牛一年测定 10 次，测试奶牛为产后一周这一阶段的泌乳牛,因为奶牛基本上一年一胎,连续泌乳10个月,最后两个月是干奶期。每头牛每个泌乳月测定一次,两次测定间隔一般为 26 ~ 33 天。每次测定需对所有泌乳牛逐头取奶样,每头牛的采样量为 50 毫升,一天三次挤奶一般按 4:3:3(早:中:晚)比例取样,两次挤奶按 6:4(早:晚)的比例取样。DHI 测试中心配有专用取样瓶,瓶上有三次取样刻度标记。

4. 样品保存与运输:为防止奶样腐败变质,在每份样品中需加入重铬酸钾 0.03 克,在 15℃ 的条件下可保持 4 天,在 2℃ ~ 7℃ 冷藏条件下可保持一周。 采样结束后,样品应尽快安全送达 DHI 测定实验室,运输途中需尽量保持低温,不能过度摇晃。

二、样本测定

1. 测定设备:实验室应配备乳成分测试仪、体细胞计数仪、恒温水浴箱、保鲜柜、采样瓶、样品架等仪器设备。

2. 测定原理:实验室依据红外原理做乳成分分析(乳脂率、乳蛋白率),体细胞数是将奶样细胞核染色后,通过电子自动计数器测定得到结果。生产性能测定实验室在接收样品时,应检查采样记录表和各类资料表格是否齐全、样品有无损坏、采样记录表编号与样品箱(筐)是否一致。如有关资料不全、样品腐坏、打翻现象超过 10% 的,生产性能测定实验室将通知重新采样。

3. 测定内容:主要测定日产奶量、乳脂肪、乳蛋白质、乳糖、全乳固体和体细胞数。

三、出具报告

数据处理中心，根据奶样测定的结果及牛场提供的相关信息，制作奶牛生产性能测定报告，并及时将报告反馈给牛场或农户。从采样到测定报告反馈，整个过程需 3 ~ 7 天。

第三节　奶牛生产性能测定（DHI）报告的内容

奶牛生产性能报告包括： 日产奶量、乳脂率、乳蛋白率、泌乳天数、胎次、校正奶量、前次奶量、泌乳持续力、脂蛋白比、前次体细胞数、体细胞数、牛奶损失、总产奶量、总乳脂量、总蛋白量、高峰奶量、高峰日、90 天产奶量、305 天预计产奶量、群内级别指数、成年当量等。

泌乳天数： 从分娩泌乳第一天到本次测奶的时间。

校正奶量： 依据实际泌乳天数和乳脂率校正为泌乳天数 150 天和乳脂率 3.5% 时的日产奶量，为校正奶量。

乳脂率和乳蛋白率： 测试样品所含乳脂百分比和乳蛋白百分比。

体细胞： 每毫升牛奶中白细胞的含量，是多核白细胞、淋巴细胞、巨噬细胞和乳腺组织脱落的上皮细胞总和。

高峰奶量： 高峰产奶量是指单个牛在某一胎次中产量最高的日产奶量。

高峰日： 高峰日是指产后高峰奶量出现的那一天。

泌乳持续力： 用于比较个体牛的生产持续能力，测试日奶量 / 前次测试日奶量 ×100%。

乳尿素氮： 指尿素在牛奶中的浓度，单位 mg/dL。乳尿素氮过高或过低都反映了奶牛的代谢紊乱，可能引发繁殖障碍问题，进而影响奶牛生产性能。

第四节　牛乳常规指标

乳品厂在收购生鲜乳的过程中，为了判定其质量的好坏，常进行酸度、酒精试验、比重、乳脂、乳蛋白等测定，进行杂质度、煮沸试验、细菌总数和抗菌药物残留等检测。

一、鲜牛乳感官指标： 正常牛乳呈白色或微带黄色，不得含有肉眼可见的异物，不得有红色、绿色或其他异色。具有牛乳固有的香味，不能有苦味、咸味、涩味、饲料味、青贮味、霉味等异常味。组织状态均匀一致，呈胶态液体，无凝块、无沉淀。

二、鲜牛乳理化要求： 相对密度为 1.028 ～ 1.032，乳脂率 ≥ 3.1%，乳蛋白率 ≥ 2.95%，非脂乳固体 ≥ 8.3%，酸度（°T）≤ 18.0，杂质度（毫克／千克）≤ 4，汞（毫克／千克）≤ 0.01，铅（毫克／千克）≤ 0.05，无机砷（毫克／千克）≤ 0.05，黄曲霉毒素 M1（微克／千克）≤ 0.05，六六六（毫克／千克）≤ 0.02，滴滴涕（毫克／千克）≤ 0.02。

三、鲜牛乳中微生物要求： 细菌总数不超过（菌落形成单位／毫升）50 万，不得检出致病菌（金黄色葡萄球菌、沙门氏菌、志贺氏菌）。

第六章　粪污无害化处理及病死畜无害化处理

第一节　粪污无害化处理技术

一、牛场粪污的危害

随着规模化养牛业水平的提高，牛场粪污对环境的影响越来越受到社会的关注，畜牧生产带来的环境污染，特别是规模化奶牛场产生的废弃物可导致环境污染。一头牛的排粪量相当于 22 个人的排泄量，按 1000 头规模的奶牛场计算，每天可产生粪便约 35 吨，全年总量可达到 1.28 万吨。在无氧条件下，粪尿中的有机物分解产生氨气、硫化物等恶臭气体污染空气。粪尿中的大量碳水化合物、含氮化合物等有机物进入水体，被微生物分解，消耗水中的溶解氧，使水中生物因缺氧而大量死亡，造成水体"富营养"化，牛粪中寄生虫卵和病原微生物可污染水体和土壤，造成疫病传播，危害家畜和人的健康。

二、畜禽粪污无害化处理技术

牛场的粪便污水是有价值的肥料资源，应合理利用。牛粪要及时清理并运送到贮存或处理场所，污水排放应采用雨污分流，防止污染物的扩散、损失和向地下水渗透。

粪污无害化处理是通过干湿分离、堆肥、厌氧发酵等技术使粪便转化为复合肥料或有机肥，从而实现粪污还田，促进农业可持续发展的重要途径。污水采取回收再利用模式。奶牛场污水主要是挤奶厅清洗产生的污水，经沉淀—絮凝—

生物筛分氧化工艺—消毒净化处理达到污水综合排放二类水或农田灌溉水标准后二次利用。一是用于挤奶厅地面、待挤区初次冲洗，二是浇灌林草地和绿化带，三是剩余部分回收到液体发酵池制成液肥还田利用。

三、常见的清粪方式

牛场常见的清粪方式有干清粪、水冲粪两种，干清粪又分人工清粪、机械清粪，其中机械清粪包括清粪车清粪、刮粪板清粪及机器人自动清粪几种形式（见下图）。

图 6-1 水冲粪

图 6-2 人工干清粪

图 6-3 机械清粪

图 6-4 刮粪板清粪

图 6-5 机器人清粪

四、常用粪污无害化处理技术

奶牛养殖场粪污主要产生在挤奶厅和圈舍,常用的粪污处理手段是组合固液分离、堆肥晾晒和氧化塘发酵法。挤奶厅的粪污采用水冲粪工艺输送至收集池,经过潜水搅拌机充分搅拌混匀后,进入固液分离机进行固液分离,被分离出来的固体(含固量约为40%)直接进入堆肥场进行晾晒、好氧发酵后还田,发酵好的粪渣还可用作制作卧床垫料;液体部分(浓度3.6%)进入液肥暂存池,经三级氧化塘沉淀处理后还田。牛舍及运动场上的牛粪采用干清粪工艺,用铲车清理直接装进农用自卸车,然后运输至堆肥场经晾晒、好氧发酵后还田。固体肥用运输车运至农田,再用撒飞车撒施,用作基肥。液体肥运至农田进行灌施,可用作基肥、追肥。

1. 堆肥处理技术

堆肥过程主要靠微生物的作用进行,微生物是堆肥发酵的主体。堆肥一般分为有氧堆肥和无氧堆肥两种。参与堆肥的微生物有两个来源:一是有机废弃物里面原有的大量微生物,另一种是人工加入的微生物菌剂。这些菌种在一定条件下对某些有机粪污具有较强的分解能力,具有活性强、繁殖快、分解有机物迅速等特点,能加速堆肥反应的进程,缩短堆肥反应的时间。

(1)有氧堆肥:是目前较为现实且较为彻底的粪便无害化处理方法。大规模处理一般采用有氧发酵方式进行。在有氧情况下,发酵物料在适当的碳氮比例(35%~80%)、合适的水分含量(60%)利用生物发酵细菌产生一个逐步升温的过程(30℃~80℃),达到迅速杀灭牛粪中大量病原微生物、寄生虫卵以及可能含有的草籽的目的。以粪便为主要发酵原料，因其含水量高、碳氮比过低，需要加入秸秆粉、废弃菌棒、玉米芯粉、花生壳等作辅料，一般添加量为 1 吨牛粪加辅料 150 千克左右，为了缩短处理时间，也可以添加一些生物发酵菌剂。混合调节至合适的含水率（55% ～ 65% 左右）和碳氮比（30:1 ～ 40:1）。前期发酵低温阶段要定时翻堆，中期发酵高温阶段当温度达到 65℃ 左右时，要及时翻堆，使堆体温度不至于超过 70℃。一般经过堆肥发酵 30 天以上（冬季时间 60 ～ 90 天）即可。由于高温好氧堆肥具有发酵周期短、无害化程度高、卫生条件好、易于机械化操作等特点，被养殖场广泛使用。

（2）厌氧堆肥：指在不通气的条件下，将粪便废弃物进行厌氧发酵，制成有机肥料，使固体废弃物无害化的过程。堆肥方式与好氧堆肥法相同，但堆内不设通气系统，堆温低，腐熟及无害化所需时间较长。然而，厌氧堆肥法简便、省工，在不急需用肥或劳力紧张的情况下可以采用。一般厌氧堆肥要求封堆后一个月左右翻堆一次，以利于微生物活动使堆料腐熟。厌氧分解最后的代谢产物是甲烷、二氧化碳和许多低分子量的中间产物，如有机酸等。

图 6-6 好氧堆肥发酵模式

图 6-7 厌氧覆膜堆肥发酵模式

2. 制作有机肥产品

牛粪在堆肥完成后，根据辅料的种类和添加量，估计发酵粪肥的养分含量（必要时可专门测定），再对照目标产品的养分含量，添加适当的无机肥料（氮磷钾）和微量元素（硼铁锰硅），还可以添加一些高蛋白物料（如菜粕、豆粕等），造粒、干燥、包装，制成有机－无机复混肥或生物有机复合肥，可广泛用于农田、果园、菜园等种植业。

3. 生物链转化

将牛粪经过一定处理后，添加适当辅料，通过食用菌、蚯蚓等进行生物链转化，达到牛粪无害化处理的目的。利用蚯蚓和微生物共同处理废物的过程，构成了以蚯蚓为主导的蚯蚓－微生物处理系统。一方面，蚯蚓直接吞食废物，经消化后形成蚓粪颗粒，是微生物生长的理想基质；另一方面，经微生物分解的有机物是蚯蚓的优质食物。二者相互依存，促进有机废物分解。

图 6-8 蚯蚓养殖模式　　　　　图 6-9 牛粪中的蚯蚓

4. 奶牛场污水的处理及综合利用技术

牛场污水的处理有好氧法（氧化塘、人工湿地、絮凝沉淀）、厌氧法（沼气转化）及厌氧好氧结合法 3 种。

（1）氧化塘

氧化塘治污依靠藻类和菌类的生长繁殖，好氧性细菌消耗污水中的有机质，产生氨气、磷酸、钾和二氧化碳等物质，藻类则利用这些物质进行生长，释放氧气，供好氧细菌利用，从而形成一套共生系统，持续不断地净化水体。氧化塘应是钢筋混凝土结构，防渗漏。因占地面积较大，一般不建造顶棚，但池壁应高于地平面，周围设引流渠，防止雨水径流进入处理池。根据不同的操作工艺，氧化塘又可分为自然塘和人工塘两种。

自然氧化塘：自然氧化塘又称为稳定塘，水深一般为0.5～1.0米，总容积应达到每天污水量的100～200倍，平均气温较高的地方，菌藻生长繁殖快，容积可小些，反之容积应大一些。以千头奶牛场为例，若设计水深为1米，则需4～7亩的塘面面积。自然氧化塘设施简单、投资小、处理工艺简便可靠、运行费用小，缺点是废水在塘内停留时间长，占地面积较大，且北方地区冬季长，塘水结冰，影响氧化效率，处理期大大延长。此法适合小规模牛场及南方一些土地可用面积较大的牛场。

人工氧化塘：人工氧化塘的重要单元是曝气池，池底装配管道和微孔曝气头，通过正压风机把新鲜空气鼓入池水中，增加水中含氧量，改善好氧细菌的生存环境，提高其生长繁殖速度，从而加快污水处理进程。曝气池的深度为4～6米，容积为每天污水量的4～5倍。人工塘工艺中，曝气池只是提高了氧化效率，并不能完全使污水达到排放标准，所以后续还需配套一定面积的自然氧化塘进行处理。根据曝气方式、污泥运转方式的不同，人工塘又有氧化沟、活性污泥、生物转盘、序批式活性污泥等工艺。人工塘的占地面积小、处理效率较高，但投资和运行成本大，工艺较复杂，需要专业设计和施工，运行管理的要求也较高。

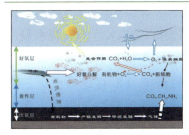

图 6-10 氧化塘氧化模式图

图 6-11 氧化塘底部

（2）沼气转化法

沼气工程是近年来推广较为广泛的粪污处理方法，其利用厌氧发酵技术，将粪污中的有机质转化为可燃烧的沼气，达到处理目标。一个完整的沼气工程由预处理、沼气发酵、贮存净化和利用、后处理等四个单元组成。沼气工程可以将粪污转化为便于利用的沼气，也可以发电，但是其投资较大，设计、施工、运行、管理和维护等过程都需要专业人员的参与，沼气的使用也需要专业人员的培训和指导。另外，沼气的产量受温度的影响很大，且与使用季节相矛盾，夏季产量高，但需求少，冬季采暖对沼气的需求大，产量却很低。发酵后大量的沼液和沼渣同样需要再次处理和利用。经过沼气发酵后的沼液，也可以按照好氧处理方法，经过自然塘、人工塘或人工湿地进行无害化处理，安全排放。沼渣可以和粪便一起，进行脱水、好氧堆积发酵、生产有机肥等处理。

（3）循环利用法

除饮水外，挤奶厅是奶牛场用水量最大的地方，主要是地坪冲洗、奶牛乳房清洗、挤奶设备（管道）及奶罐清洗。因粪污量小、用水量大，挤奶厅的冲洗水经过过滤和沉淀处理后，可以用于牛床冲洗。根据牛场规模和产奶牛数量，估计挤奶厅冲洗水的日产量，或在挤奶厅的进水管上安装水表，通过水的消耗量来估计。冲洗水当日产生、当日或隔日处理利用，不能放置太久。冲洗水的处理池及贮存池按两天的用水量来设计和建造，入池前的排水沟设置两个沉降口，去除较大的固形物，处理池入口进行两次过滤，在处理池内沉降后进入储存池。一般采用移动式加压冲洗，在农用车上安装水箱和水泵，装水后添加漂白粉等进行消毒，机械动力，随走随冲洗。

第二节　病死畜无害化处理

一、病死畜无害化处理方式

1. **深埋处理**：首先要选择合适的深埋场。场地一定要选在远离居民生活区、禽畜养殖区、水体和水源，地质稳定，且在居民生活区的下风处，在生活取水点的下游，避开雨水汇集地，方便病死禽畜运输和消毒杀菌。其次一定要挖深坑。对大批量处理的病死禽畜，覆土后病死禽畜离地面至少要有三米深。个别处理的病死禽畜，覆土后病死禽畜也要离地面至少一米深，且要保证病死禽畜不被野狗等动物扒出来。再次，一定要做好消毒杀菌处理。深坑一定要铺放大量的生石灰、烧碱等消毒剂，然后放一层病死禽畜撒一层生石灰，最后再覆土。覆土后，再对掩埋地周边喷洒消毒剂。

2. **焚烧处理**：一般为畜牧类养殖采用（如猪、牛、羊等），如果养殖场周围有采用焚烧炉的处理场，则可以把病死禽畜集中运输到垃圾处理厂，用专业的焚烧炉进行焚烧。这种方法比较适合大规模养殖场等企业无害化处理病死禽畜。

对于附近无垃圾焚烧厂的养殖场或小规模养殖户，则可自行建造小型焚烧炉，配合利用沼气、木柴等生态燃料对病死禽畜进行焚烧，但需配套安装炉盖与废气导管，并在废气排出口安装简易的喷淋装置，以作净化废气用。另外，焚烧炉要建在远离水源和居民生活区的空旷地，且要在居民生活区的下风处。

图 6-12 病死畜深埋　　　　　图 6-13 病死畜焚烧

二、病死动物无害化处理规范

参见附录《病死及病害动物无害化处理技术规范》。

第七章 奶牛场防疫及消毒技术

第一节 奶牛场卫生防疫要点

一、防疫总则

奶牛场应贯彻"以防为主，防治结合"的方针。奶牛场日常防疫的目的是防止疾病的传入或发生，控制传染病和寄生虫病的传播。

二、防疫措施

1. **出入登记制度**。建立人员出入登记制度，非生产人员不得进入生产区，生产区域设置防疫标识，谢绝外来人员参观。进出车辆必须经过严格消毒后进入指定区域装车。职工进入生产区必须穿戴工作服经过消毒间，洗手消毒后方可入场。

2. **健康检查制度**。奶牛场员工每年必须进行一次健康检查，如患传染性疾病应及时在场外治疗，痊愈后方可上岗。新招员工必须经健康检查，确认无结核病、布鲁氏杆菌病与其他传染病。奶牛场员工不得互串车间，各车间生产工具不得互用。奶牛场不得饲养其他畜禽或宠物，禁止将畜禽及其产品带入场区。

3. **定期消毒制度**。在堆粪场定点堆放牛粪，定期喷洒杀虫剂，防止蚊蝇滋生。死亡牛只应作无害化处理，尸体接触过的器具和周边环境做清洁及消毒工作。

4. **严格防疫检疫制度**。引进、出售及淘汰牛只应经检疫并取得检疫合格证明后方可入场、出场。当奶牛发生疑似传染病或附近牧场出现烈性传染病时，应立即采取隔离封锁和其他应急措施。

第二节 奶牛场消毒技术

消毒是指消除或杀灭由传染源散播到外界环境中的病原体，是切断传播途径，防止传染病发生和蔓延的一项重要措施。

一、消毒方法

1. 物理消毒法

主要包括阳光消毒、紫外线消毒、焚烧、煮沸消毒、蒸汽消毒、掩埋等。

2. 化学消毒法

常用的化学消毒剂有：

（1）氢氧化钠：化学式为 NaOH，俗称烧碱、火碱、苛性钠，为一种具有强腐蚀性的强碱，一般为片状或颗粒形态，易溶于水（溶于水时放热）并形成碱性溶液，另有潮解性，易吸取空气中的水蒸气（潮解）和二氧化碳（变质）。一般使用 2% ～ 10% 的溶液，加入 5% ～ 10% 的食盐可以提高其对芽孢的杀灭力。一般用于场区入口消毒池消毒。

（2）石灰乳（熟石灰、消石灰）：石灰乳的化学式为 $Ca(OH)_2$，学名氢氧化钙，白色固体，微溶于水，其水溶液常称为石灰水。用生石灰 1 份加水 1 份制成熟石灰，或配成 10% 的混悬液。一般用于车辆轮胎消毒，生石灰用于场区环境消毒或用于深埋病死畜的消毒。

（3）氯制剂（漂白粉、次氯酸钠）：是指溶于水产生具有杀灭病原微生物活性的次氯酸的消毒剂，其有效成分常以有效氯表示。次氯酸分子量小，易扩散到细菌表面并穿透细胞膜进入菌体内，使菌体蛋白氧化导致细菌死亡。含氯消毒剂可杀灭各种微生物，包括细菌繁殖体、病毒、真菌、结核杆菌和抗力最强的细菌芽孢。含氯消毒剂使用时应现用现配，具体使用方法按照产品说明书进行。根据消毒物品的特点，可采用喷洒、浸泡、擦拭和冲洗等消毒方法。

（4）碘制剂：碘类消毒剂是一类高效、广谱消毒剂，是通过游离碘元素本身使蛋白沉淀而起杀菌作用的，对细菌繁殖体、细菌芽孢、真菌和病毒具有快速杀灭作用。一般来说可以分为无机碘和有机碘。

（5）无机碘（碘酊、碘酸）：碘酊俗称碘酒，是碘的酒精溶液，碘酊因同时含碘 1.8%～2.2%（克／毫升）、碘化钾 1.35%～1.65%（克／毫升），形成可溶性的三碘化合物，一般用于体表涂抹消毒。碘酸溶液又称复合碘溶液，是由碘、硫酸、磷酸、表面活性剂制成的一种棕红色液体，一般含有活性碘为 1.8%～2.0%，其杀菌效果明显高于传统碘制剂。

图 7-1、7-2 奶牛乳头药浴瓶

（6）有机碘（碘伏）：目前市场流通的碘类消毒剂绝大部分为有机碘，对细菌、病毒、真菌具有良好的灭活效果，因其稳定性好，起效快且效果持久、渗透性强但刺激性小、安全性强等优点而受到养殖户的青睐。一般牛场使用聚维酮碘对奶牛乳头进行药浴消毒或用于奶牛皮肤病的治疗（浓度为 0.1% ～ 5%）。

二、养殖场环境消毒方法

1. 畜舍带畜消毒：在日常管理中，对畜舍应经常进行定期消毒。消毒的步骤通常为清除污物、清扫地面、彻底清洗器具和喷洒消毒液，有时在此基础上还需以喷雾、熏蒸等方法加强消毒效果。可选用 2% ～ 4% 的氢氧化钠、0.3% ～ 1% 的菌毒敌、0.2% ～ 0.5% 的过氧乙酸、0.2% 的次氯酸钠、0.3% 的漂白粉溶液进行喷雾消毒。这种定期消毒一般带畜进行，每隔 2 周或 20 天左右进行一次。

2. 畜舍空舍消毒：畜禽出栏后，应对畜舍进行彻底清扫，将可移动的设备、器具等搬出畜舍，在指定地点清洗、暴晒并用消毒液消毒。用水、4% 的碳酸钠溶液或清洁剂等刷洗墙壁、地面等，干燥后再进行喷洒消毒并闲置 2 周以上。在新一批畜禽进入畜舍前，可将所有洗净、消毒后的器具、设备及未使用的垫草等移入舍内，以福尔马林（40% 甲醛溶液）熏蒸消毒，方法是取一个容积大于福尔马林用量数倍至十倍且耐高温的容器，先将高锰酸钾置于容器中（为了增加催化效果，可加等量的水使之溶解），随后倒入福尔马林，人员迅速撤离并关闭畜舍门窗。福尔马林的用量一般为 25 毫升～ 40 毫升，与高锰酸钾的比例以 5:3 ～ 2:1 为宜。该消毒法消毒时间一般为 12 小时～24 小时，然后打开门窗通风 3 天～4 天。如需要尽快消除甲醛的刺激性气味，可用氨水加热蒸发使之生成无刺激性的六甲烯胺。此外，还可以用 20% 的乳酸溶液加热蒸发对畜舍进行熏蒸消毒。

如果发生了传染病，用具有特异性和消毒力强的消毒剂喷洒畜舍后再清扫畜舍，就可防止病原随尘土飞扬造成疾病在更大范围传播。然后以大剂量特异性消毒剂反复进行喷洒、喷雾及熏蒸消毒。一般每日一次，直至传染病被彻底扑灭，解除封锁为止。

3. **饲养设备及用具的消毒：**应将可移动的设施、器具定期移出畜舍，清洁冲洗，置于太阳下暴晒。将食槽、饮水器等移出舍外暴晒，再用 1%～2% 的漂白粉、0.1% 的高锰酸钾及洗必泰等消毒剂浸泡或洗刷。

4. **家畜粪便及垫草的消毒：**在一般情况下，家畜粪便和垫草最好采用生物消毒法消毒。采用这种方法可以杀灭大多数病原体如口蹄疫病毒及各种寄生虫卵。但是对患炭疽、气肿疽等传染病的病畜粪便，应采取焚烧或经有效的消毒剂处理后深埋。

5. **畜舍地面、墙壁的消毒：**对地面、墙裙、舍内固定设备等，可采用喷洒法消毒。如对圈舍空间进行消毒，则可用喷雾法。喷洒要全面，药液要喷到物体的各个部位。喷洒地面时，每平方米喷洒药液 2 升，喷墙壁、顶棚时，每平方米喷洒药液 1 升。

6. **养殖场及生产区等出入口的消毒：**在养殖场入口处供车辆通行的道路上应设置消毒池，池的长度一般要求大于车轮周长 1.5 倍。在供人员通行的通道上设置消毒槽，池（槽）内用草垫等物体作消毒垫。消毒垫以 20% 新鲜石灰乳、2%～4% 的氢氧化钠或 3%～5% 的煤酚皂液（来苏尔）浸泡，对车辆的轮胎、人员的足底进行消毒，值得注意的是应定期（如每 7 天）更换 1 次消毒液。

7. **工作服消毒：**洗净后可用高压消毒或紫外线照射消毒。

8. **运动场消毒：**清除地面污物，用 10%～20% 漂白粉液喷洒，或用火焰消毒。运动场围栏可用 15%～20% 的石灰乳涂刷。

第八章　牧场安全生产技术

第一节　牧场常见安全隐患

安全生产是牧场生产发展的一项重要方针，要实行"防疫、防火、防盗、防事故"的安全生产是一项长期艰巨的任务，因此必须贯彻"安全生产、预防为主、全体动员"的方针，不断提高全体员工的思想认识，落实各项安全管理措施，保证生产经营正常进行。牧场有哪些安全隐患，应该采取怎样的预防措施呢？

一、饲草饲料安全隐患

饲草饲料的安全隐患常有以下几个问题：一是中小型牧场普遍没有检测设备，对饲草饲料营养成分、霉变成分不能及时进行检测。二是入库饲草饲料不能很好地保存。很多牧场库房简陋，屋面破损，屋顶漏水，没有离地离墙码放，造成了潮湿霉变。三是申购饲草饲料时，数量把控不准，不坚持先进先出的原则，造成过期饲喂。四是青贮饲喂时，取料截面不齐，造成二次发酵与霉烂。窖顶与窖边霉烂层不及时进行人工清理，窖顶薄膜一次性揭面较宽而腐烂。以上这些安全隐患导致牛只的生长和健康受到影响，鲜奶质量不稳定、黄曲霉毒素超标。五是饲草饲料库必须放置足够的灭火设备，在显著位置应悬挂防火标识，牧场生产区域严禁火种。

二、鲜奶质量安全隐患

鲜奶质量安全隐患常有以下几个问题：一是牛舍环境差，

牛体卫生差，卧床维护及环境消毒不及时，水槽清洗不彻底，运动场牛粪水堆积。二是挤奶设备差，老化现象严重，零部件更换不及时。设备无检测检修规律，有很多生产厂家已倒闭或因设备换型、淘汰，造成零部件停产。三是储奶罐保温效果差，压缩机制冷性能差，冷排设备不先进，挤奶及储奶设备清洗流程不科学。四是新产牛及病牛过抗检测手段落后，试剂不同型，治疗药物使用杂乱。以上这些安全隐患导致鲜奶因为微生物数和体细胞数超标、酸度高、冰点低或含有抗生素等原因而被乳品企业拒收。

三、人员安全隐患

人员安全隐患常有以下几个问题：一是人员流动性大，岗前安全培训缺失。二是自我保护意识较差，特别是一线人员要求操作时佩戴口罩、手套等防护措施，很多人嫌麻烦或因增加牧场成本而不重视、不配备。三是员工上下班乘用交通工具不规范、不懂交通规则。四是夜间上下班途中或上班期间不坚持穿戴反光马甲。五是有沼气发酵设备、氧化塘的牧场，应注意人员操作安全和设置安全警示标识，避免操作中出现掉落或缺氧窒息等安全事故，造成人员伤亡。

四、机械设备安全隐患

机械设备安全隐患包括：一是机械设备使用年限过长，使用频率过高，老化严重，年久失修。二是设备只注重使用而不注重保养。三是机械设备使用时安全警示不足，如倒车镜、倒车雷达、鸣叫器、防火帽等缺失。四是设备的操作人员老龄化、无证上岗。五是日用油料一次性储备量过大，超过 1000 升。六是牧场电线老化、破损、裸露，过铁处不穿管绝缘，乱拉乱接，无漏电保护，超负荷使用。以上这些安全隐患导致机械设备损坏率过高，维修成本加大，严重影响生产，甚至造成火灾事故和人畜伤亡事故。

五、生物安全隐患

生物安全隐患包括：一是不坚持每年对牛群"两病"（布病、结核病）进行检查。二是为应付政府部门对人畜共患病检查而频频造假。三是对检查出来的"两病"牛只，不作淘汰无害化处理。四是疫区间、牧场间对疫病的传染性隔离不力，牛群、物品、草料频繁调动，人员交叉流动，消毒措施形同虚设。五是定期防疫不到位，疫苗注射无秩序，如口蹄疫、流行热、牛疱疹病毒、牛病毒性腹泻、布病等疫苗。以上这些安全隐患导致不健康牛群增多，疫病传染速度加快，死亡淘汰牛增多，人畜感染数量增加。

六、环保安全隐患

环保问题是当前中小型牧场最头疼的问题之一。在规划之初，很多牧场当时还没有环保意识，没有严格按环保要求来建造。现在改造已经是力不从心。环保安全隐患包括：一是牧场在场地规划上受到严重限制，没有预留环保处理的场地，有的连雨污分流都没有做到。二是环保设施和设备难以跟上，新建和改造费用无着落。导致牧场天天被查处，频频被罚款，还有牧场被迫关门。

七、消防安全隐患

消防安全隐患包括：一是草、料、油、电器、设备混放。二是没有明显的防火、禁烟标识牌。三是场区、宿舍、库房、食堂等消防设备不到位，且没有做到功能性区域的严格分离。

四是草料库等易着火处，灭火器容量过小，有的已经过期变成摆设。五是没有专业人员在现场排查和指导。这些隐患导致火灾频发、人畜伤亡，损失惨重。

第二节 牧场安全隐患的防范措施

一是提高中小型牧场负责人的安全生产意识。牢固树立"安全第一、预防为主、综合治理"的安全防范意识。

二是针对牧场存在的安全隐患，对牧场员工进行安全知识培训。新上岗员工必须接受三级安全教育培训，杜绝未经安全教育和培训的人员上岗作业。

三是建立健全牧场岗位安全管理制度，逐级签订安全生产责任状，严格执行各项安全操作规程。坚持安全生产例会制度，如日例会、周例会和月安全生产总结等，找出存在问题、追踪整改结果、奖惩分明。

四是对中小型牧场存在安全隐患的硬件设备设施斥资整改，防微杜渐，并积极向政府部门争取在农用设备、环保设施、电力改造和消防建设等方面的政策性扶持。

五是严格执行牧场生产操作流程，按规定对从业人员和牛群进行安全防护和免疫检疫，防患于未然。对已发生疫病的牛群进行净化，对患病人员进行医治，对工伤和死亡员工按照相关政策给予赔偿。

附录1：《病死及病害动物无害化处理技术规范》

为贯彻落实《中华人民共和国动物防疫法》《生猪屠宰管理条例》《畜禽规模养殖污染防治条例》等有关法律法规，防止动物疫病传播扩散，保障动物产品质量安全，规范病死及病害动物和相关动物产品无害化处理操作技术，制定本规范。

1 适用范围

本规范适用于国家规定的染疫动物及其产品、病死或者死因不明的动物尸体，屠宰前确认的病害动物、屠宰过程中经检疫或肉品品质检验确认为不可食用的动物产品，以及其他应当进行无害化处理的动物及动物产品。

本规范规定了病死及病害动物和相关动物产品无害化处理的技术工艺和操作注意事项，处理过程中病死及病害动物和相关动物产品的包装、暂存、转运、人员防护和记录等要求。

2 引用规范和标准

GB19217 医疗废物转运车技术要求（试行）

GB18484 危险废物焚烧污染控制标准

GB18597 危险废物贮存污染控制标准

GB16297 大气污染物综合排放标准

GB14554 恶臭污染物排放标准

GB8978 污水综合排放标准

GB5085.3 危险废物鉴别标准

GB/T16569 畜禽产品消毒规范

GB19218 医疗废物焚烧炉技术要求（试行）

GB/T19923 城市污水再生利用工业用水水质

当上述标准和文件被修订时，应使用其最新版本。

3 术语和定义

3.1 无害化处理

本规范所称无害化处理，是指用物理、化学等方法处理病死及病害动物和相关动物产品，消灭其所携带的病原体，消除危害的过程。

3.2 焚烧法

焚烧法是指在焚烧容器内，使病死及病害动物和相关动物产品在富氧或无氧条件下进行氧化反应或热解反应的方法。

3.3 化制法

化制法是指在密闭的高压容器内，通过向容器夹层或容器内通入高温饱和蒸汽，在干热、压力或蒸汽、压力的作用下，处理病死及病害动物和相关动物产品的方法。

3.4 高温法

高温法是指常压状态下，在封闭系统内利用高温处理病死及病害动物和相关动物产品的方法。

3.5 深埋法

深埋法是指按照相关规定，将病死及病害动物和相关动物产品投入深埋坑中并覆盖、消毒，处理病死及病害动物和相关动物产品的方法。

3.6 硫酸分解法

硫酸分解法是指在密闭的容器内，将病死及病害动物和相关动物产品用硫酸在一定条件下进行分解的方法。

4 病死及病害动物和相关动物产品的处理

4.1 焚烧法

4.1.1 适用对象

国家规定的染疫动物及其产品、病死或者死因不明的动物尸体，屠宰前确认的病害动物、屠宰过程中经检疫或肉品品质检验确认为不可食用的动物产品，以及其他应当进行无害化处理的动物及动物产品。

4.1.2 直接焚烧法

4.1.2.1 技术工艺

4.1.2.1.1 可视情况对病死及病害动物和相关动物产品进行破碎等预处理。

4.1.2.1.2 将病死及病害动物和相关动物产品或破碎产物，投至焚烧炉本体燃烧室，经充分氧化、热解，产生的高温烟气进入二次燃烧室继续燃烧，产生的炉渣经出渣机排出。

4.1.2.1.3 燃烧室温度应≥850℃。燃烧所产生的烟气从最后的助燃空气喷射口或燃烧器出口到换热面或烟道冷风引射口之间的停留时间应≥2s。焚烧炉出口烟气中氧含量应为6%～10%（干气）。

4.1.2.1.4 二次燃烧室出口烟气经余热利用系统、烟气净化系统处理，达到GB16297要求后排放。

4.1.2.1.5 焚烧炉渣与除尘设备收集的焚烧飞灰应分别收集、贮存和运输。焚烧炉渣按一般固体废物处理或作无害化处理；焚烧飞灰和其他尾气净化装置收集的固体废物须按GB5085.3要求作危险废物鉴定，如属于危险废物，则按GB18484和GB18597要求处理。

4.1.2.2 操作注意事项

4.1.2.2.1 严格控制焚烧进料频率和重量，使病死及病害动物和相关动物产品能够充分与空气接触，保证完全燃烧。

4.1.2.2.2 燃烧室内应保持负压状态，避免焚烧过程中发生烟气泄漏。

4.1.2.2.3 二次燃烧室顶部设紧急排放烟囱，应急时开启。

4.1.2.2.4 烟气净化系统，包括急冷塔、引风机等设施。

4.1.3 炭化焚烧法

4.1.3.1 技术工艺

4.1.3.1.1 病死及病害动物和相关动物产品投至热解炭化室，在无氧情况下经充分热解，产生的热解烟气进入二次燃烧室继续燃烧，产生的固体炭化物残渣经热解炭化室排出。

4.1.3.1.2 热解温度应 $\geqslant 600$℃，二次燃烧室温度 $\geqslant 850$℃，焚烧后烟气在 850℃以上停留时间 $\geqslant 2s$。

4.1.3.1.3 烟气经过热解炭化室热能回收后，降至 600℃左右，经烟气净化系统处理，达到 GB16297 要求后排放。

4.1.3.2 操作注意事项

4.1.3.2.1 应检查热解炭化系统的炉门密封性，以保证热解炭化室的隔氧状态。

4.1.3.2.2 应定期检查和清理热解气输出管道，以免发生阻塞。

4.1.3.2.3 热解炭化室顶部需设置与大气相连的防爆口，热解炭化室内压力过大时可自动开启泄压。

4.1.3.2.4 应根据处理物种类、体积等严格控制热解的温度、升温速度及物料在热解炭化室里的停留时间。

4.2 化制法

4.2.1 适用对象

不得用于患有炭疽等芽孢杆菌类疫病，以及牛海绵状脑病、痒病的染疫动物及产品、组织的处理。其他适用对象同4.1.1。

4.2.2 干化法

4.2.2.1 技术工艺

4.2.2.1.1 可视情况对病死及病害动物和相关动物产品进行破碎等预处理。

4.2.2.1.2 病死及病害动物和相关动物产品或破碎产物送入高温高压灭菌容器。

4.2.2.1.3 处理物中心温度 ≥ 140℃，压力 ≥ 0.5MPa（绝对压力），时间 ≥ 4h（具体处理时间随处理物种类和体积大小而设定）。

4.2.2.1.4 加热烘干产生的热蒸汽经废气处理系统后排出。

4.2.2.1.5 加热烘干产生的动物尸体残渣传输至压榨系统处理。

4.2.2.2 操作注意事项

4.2.2.2.1 搅拌系统的工作时间应以烘干剩余物基本不含水分为宜，根据处理物量的多少，适当延长或缩短搅拌时间。

4.2.2.2.2 应使用合理的污水处理系统，有效去除有机物、氨氮，达到 GB8978 要求。

4.2.2.2.3 应使用合理的废气处理系统，有效吸收处理过程中动物尸体腐败产生的恶臭气体，达到 GB16297 要求后排放。

4.2.2.2.4 高温高压灭菌容器操作人员应符合相关专业要求，持证上岗。

4.2.2.2.5 处理结束后，需对墙面、地面及其相关工具进行彻底清洗消毒。

4.2.3 湿化法

4.2.3.1 技术工艺

4.2.3.1.1 可视情况对病死及病害动物和相关动物产品进行破碎预处理。

4.2.3.1.2 将病死及病害动物和相关动物产品或破碎产物送入高温高压容器，总质量不得超过容器总承受力的五分之四。

4.2.3.1.3 处理物中心温度≥135℃，压力≥0.3MPa（绝对压力），处理时间≥30min（具体处理时间随处理物种类和体积大小而设定）。

4.2.3.1.4 高温高压结束后，对处理产物进行初次固液分离。

4.2.3.1.5 固体物经破碎处理后，送入烘干系统；液体部分送入油水分离系统处理。

4.2.3.2 操作注意事项

4.2.3.2.1 高温高压容器操作人员应符合相关专业要求，持证上岗。

4.2.3.2.2 处理结束后，需对墙面、地面及其相关工具进行彻底清洗消毒。

4.2.3.2.3 冷凝排放水应冷却后排放，产生的废水应经污水处理系统处理，达到 GB8978 要求。

4.2.3.2.4 处理车间废气应通过安装自动喷淋消毒系统、排风系统和高效微粒空气过滤器（HEPA 过滤器）等进行处理，达到 GB16297 要求后排放。

4.3 高温法

4.3.1 适用对象

同 4.2.1。

4.3.2 技术工艺

4.3.2.1 可视情况对病死及病害动物和相关动物产品进行破碎等预处理。处理物或破碎产物体积（长 × 宽 × 高）$\leqslant 125cm^3$（5cm×5cm×5cm）。

4.3.2.2 向容器内输入油脂，容器夹层经导热油或其他介质加热。

4.3.2.3 将病死及病害动物和相关动物产品或破碎产物输送入容器内，与油脂混合。常压状态下，维持容器内部温度 $\geqslant 180℃$，持续时间 $\geqslant 2.5h$（具体处理时间随处理物种类和体积大小而设定）。

4.3.2.4 加热产生的热蒸汽经废气处理系统后排出。

4.3.2.5 加热产生的动物尸体残渣传输至压榨系统处理。

4.3.3 操作注意事项

同 4.2.2.2。

4.4 深埋法

4.4.1 适用对象

发生动物疫情或自然灾害等突发事件时病死及病害动物

的应急处理,以及边远和交通不便地区零星病死畜禽的处理。不得用于患有炭疽等芽孢杆菌类疫病,以及牛海绵状脑病、痒病的染疫动物及产品、组织的处理。

4.4.2 选址要求

4.4.2.1 应选择地势较高,处于下风向的地点。

4.4.2.2 应远离学校、公共场所、居民住宅区、村庄、动物饲养和屠宰场所、饮用水源地、河流等地区。

4.4.3 技术工艺

4.4.3.1 深埋坑体容积以实际处理动物尸体及相关动物产品数量确定。

4.4.3.2 深埋坑底应高出地下水位 1.5m 以上,要防渗、防漏。

4.4.3.3 坑底撒一层厚度为 2～5cm 的生石灰或漂白粉等消毒药。

4.4.3.4 将动物尸体及相关动物产品投入坑内,最上层距离地表 1.5m 以上。

4.4.3.5 生石灰或漂白粉等消毒药消毒。

4.4.3.6 覆盖距地表 20～30cm,厚度不少于 1～1.2m 的覆土。

4.4.4 操作注意事项

4.4.4.1 深埋覆土不要太实,以免腐败产气造成气泡冒出和液体渗漏。

4.4.4.2 深埋后,在深埋处设置警示标识。

4.4.4.3 深埋后,第一周内应每日巡查 1 次,第二周起应每周巡查 1 次,连续巡查 3 个月,深埋坑塌陷处应及时加盖覆土。

4.4.4.4 深埋后，立即用氯制剂、漂白粉或生石灰等消毒药对深埋场所进行1次彻底消毒。第一周内应每日消毒1次，第二周起应每周消毒1次，连续消毒三周以上。

4.5 化学处理法

4.5.1 硫酸分解法

4.5.1.1 适用对象

同4.2.1。

4.5.1.2 技术工艺

4.5.1.2.1 可视情况对病死及病害动物和相关动物产品进行破碎等预处理。

4.5.1.2.2 将病死及病害动物和相关动物产品或破碎产物，投至耐酸的水解罐中，按每吨处理物加入水150～300kg，后加入98%的浓硫酸300～400kg（具体加入水和浓硫酸量随处理物的含水量而设定）。

4.5.1.2.3 密闭水解罐，加热使水解罐内升至100～108℃，维持压力≥0.15MPa，反应时间≥4h，至罐体内的病死及病害动物和相关动物产品完全分解为液态。

4.5.1.3 操作注意事项

4.5.1.3.1 处理中使用的强酸应按国家危险化学品安全管理、易制毒化学品管理有关规定执行，操作人员应做好个人防护。

4.5.1.3.2 水解过程中要先将水加入到耐酸的水解罐中，然后加入浓硫酸。

4.5.1.3.3 控制处理物总体积不得超过容器容量的70%。

4.5.1.3.4 酸解反应的容器及储存酸解液的容器均要求耐强酸。

4.5.2 化学消毒法

4.5.2.1 适用对象

适用于被病原微生物污染或可疑被污染的动物皮毛消毒。

4.5.2.2 盐酸食盐溶液消毒法

4.5.2.2.1 用 2.5% 盐酸溶液和 15% 食盐水溶液等量混合，将皮张浸泡在此溶液中，并使溶液温度保持在 30℃ 左右，浸泡 40h，$1m^2$ 的皮张用 10L 消毒液（或按 100mL25% 食盐水溶液中加入盐酸 1mL 配制消毒液，在室温 15℃ 条件下浸泡 48h，皮张与消毒液之比为 1∶4）。

4.5.2.2.2 浸泡后捞出沥干，放入 2%（或 1%）氢氧化钠溶液中，以中和皮张上的酸，再用水冲洗后晾干。

4.5.2.3 过氧乙酸消毒法

4.5.2.3.1 将皮毛放入新鲜配制的 2% 过氧乙酸溶液中浸泡 30min。

4.5.2.3.2 将皮毛捞出，用水冲洗后晾干。

4.5.2.4 碱盐液浸泡消毒法

4.5.2.4.1 将皮毛浸入 5% 碱盐液（饱和盐水内加 5% 氢氧化钠）中，室温（18 ～ 25℃）浸泡 24h，并随时加以搅拌。

4.5.2.4.2 取出皮毛挂起，待碱盐液流净，放入 5% 盐酸液内浸泡，使皮上的酸碱中和。

4.5.2.4.3 将皮毛捞出，用水冲洗后晾干。

5 收集转运要求

5.1 包装

5.1.1 包装材料应符合密闭、防水、防渗、防破损、耐腐蚀等要求。

5.1.2 包装材料的容积、尺寸和数量应与需处理病死及病害动物和相关动物产品的体积、数量相匹配。

5.1.3 包装后应进行密封。

5.1.4 使用后，一次性包装材料应作销毁处理，可循环使用的包装材料应进行清洗消毒。

5.2 暂存

5.2.1 采用冷冻或冷藏方式进行暂存，防止无害化处理前病死及病害动物和相关动物产品腐败。

5.2.2 暂存场所应能防水、防渗、防鼠、防盗，易于清洗和消毒。

5.2.3 暂存场所应设置明显警示标识。

5.2.4 应定期对暂存场所及周边环境进行清洗消毒。

5.3 转运

5.3.1 可选择符合GB19217条件的车辆或专用封闭厢式运载车辆。车厢四壁及底部应使用耐腐蚀材料，并采取防渗措施。

5.3.2 专用转运车辆应加施明显标识，并加装车载定位系统，记录转运时间和路径等信息。

5.3.3 车辆驶离暂存、养殖等场所前，应对车轮及车厢外部进行消毒。

5.3.4 转运车辆应尽量避免进入人口密集区。

5.3.5 若转运途中发生渗漏，应重新包装、消毒后运输。

5.3.6 卸载后，应对转运车辆及相关工具等进行彻底清洗、消毒。

6 其他要求

6.1 人员防护

6.1.1 病死及病害动物和相关动物产品的收集、暂存、转运、无害化处理操作的工作人员应经过专门培训，掌握相应的动物防疫知识。

6.1.2 工作人员在操作过程中应穿戴防护服、口罩、护目镜、胶鞋及手套等防护用具。

6.1.3 工作人员应使用专用的收集工具、包装用品、转运工具、清洗工具、消毒器材等。

6.1.4 工作完毕后，应对一次性防护用品作销毁处理，对循环使用的防护用品消毒处理。

6.2 记录要求

6.2.1 病死及病害动物和相关动物产品的收集、暂存、转运、无害化处理等环节应建有台账和记录。有条件的地方应保存转运车辆行车信息和相关环节视频记录。

6.2.2 台账和记录

6.2.2.1 暂存环节

6.2.2.1.1 接收台账和记录应包括病死及病害动物和相关动物产品来源场（户）、种类、数量、动物标识号、死亡原因、消毒方法、收集时间、经办人员等。

6.2.2.1.2 运出台账和记录应包括运输人员、联系方式、转运时间、车牌号、病死及病害动物和相关动物产品种类、数量、动物标识号、消毒方法、转运目的地以及经办人员等。

6.2.2.2 处理环节

6.2.2.2.1 接收台账和记录应包括病死及病害动物和相关动物产品来源、种类、数量、动物标识号、转运人员、联系方式、车牌号、接收时间及经手人员等。

6.2.2.2.2 处理台账和记录应包括处理时间、处理方式、处理数量及操作人员等。

6.2.3 涉及病死及病害动物和相关动物产品无害化处理的台账和记录至少要保存两年。

附录 2

畜禽养殖场养殖档案

单位名称：＿＿＿＿＿＿＿＿＿＿＿＿＿＿＿

畜禽标识代码：＿＿＿＿＿＿＿＿＿＿＿＿

动物防疫合格证编号：＿＿＿＿＿＿＿＿＿

畜禽种类：＿＿＿＿＿＿＿＿＿＿＿＿＿＿＿

中华人民共和国农业农村部监制

（一）畜禽养殖场（小区）、户平面图［由畜禽养殖场（小区）、户自行绘制］

（二）畜禽养殖场（小区）、户免疫程序［由畜禽养殖场（小区）、户填写］

_____场免疫程序

日龄	疫苗名称	剂量	免疫方式	备注

生产记录（按日或变动记录）

圈舍号	时间	变动情况（数量）				存栏数	备注
		出生	调入	调出	死淘		

注：

1. 圈舍号：填写畜禽饲养的圈、舍、栏的编号或名称。不分圈、舍、栏的此栏不填。

2. 时间：填写出生、调入、调出和死淘的时间。

3. 变动情况（数量）：填写出生、调入、调出和死淘的数量。调入的需要在备注栏注明动物检疫合格证明编号，并将检疫证明原件粘贴在记录背面。调出的需要在备注栏注明详细的去向。死淘的需要在备注栏注明死亡和淘汰的原因。

4. 存栏数：填写存栏总数，为上次存栏数和变动数量之和。

饲料、饲料添加剂

开始使用时间	投入产品名称	生产厂家	批号／加工日期	用量	停止使用时间	备　注

注：

1. 外购的饲料应在备注栏注明原料组成。

2. 自加工的饲料在生产厂家栏填写自加工，并在备注栏写明使用的药物饲料添加剂的详细成分。

兽药使用记录

投入产品商品名称	通用名称	剂型	规格	有效期	生产厂家	购货单位	批号/加工日期	用量	停止使用时间	备注

消毒记录

日　　期	消毒场所	消毒药名称	用药剂量	消毒方法	操作员签字

注：
1. 时间：填写实施消毒的时间。
2. 消毒场所：填写圈舍、人员出入通道和附属设施等场所。
3. 消毒药名称：填写消毒药的化学名称。
4. 用药剂量：填写消毒药的使用量和使用浓度。
5. 消毒方法：填写熏蒸、喷洒、浸泡、焚烧等。

免疫记录

时间	圈舍号	存栏数量	免疫数量	疫苗名称	疫苗生产厂	批号（有效期）	免疫方法	免疫剂量	免疫人员	备注

注：1. 时间：填写实施免疫的时间。2. 圈舍号：填写动物间养的圈、舍、栏的编号或名称。不分圈、舍、栏的此栏不填。3. 批号：填写疫苗的批号。4. 数量：填写同批次免疫畜禽的数量，单位为头、只。5. 免疫方法：填写免疫的具体方法，如喷雾、饮水、滴鼻点眼、注射部位等方法。6. 备注：记录本次免疫中未免疫动物的耳标号。

诊疗记录

时间	畜禽标识编码	圈舍号	日龄	发病数	病因	诊疗人员	用药名称	用药方法	诊疗结果

注：1. 畜禽标识编码：填写15位畜禽标识编码中的标识顺序号，按批次填写。畜、禽、栏的此栏不填。2. 圈舍号：填写动物饲养的圈、舍、栏的编号或名称。不分圈、舍、栏的此栏不填。3. 诊疗人员：填写做出诊断结果的单位，如某动物疫病预防控制中心，执业兽医写填执业兽医的姓名。4. 用药名称：填写使用药物的名称。5. 用药方法：填写药物使用的具体方法，如口服、肌肉注射、静脉注射等。

防疫监测记录

采样日期	圈舍号	采样数量	监测项目	监测单位	监测结果	处理情况	备注

注：1. 圈舍号：填写动物饲养的圈、舍、栏的编号或名称。不分圈、舍、栏的此栏不填。2. 监测项目：填写具体的内容，如布氏杆菌病监测、口蹄疫免疫抗体监测。3. 监测单位：填写实施监测的单位名称。如：某某动物疫病预防控制中心。企业自行检监测的填写自检，企业委托社会检测机构监测的填写受委托机构的名称。4. 监测结果：填写具体的监测结果。如阴性、阳性、抗体效价数等。5. 处理情况：填写针对监测结果采取的处理方法。如针对结核病监测阳性牛全部予以扑杀。针对抗体效价低于正常保护水平，可填写为对畜禽进行重新免疫。

病死畜禽无害化处理记录

日　期	数　量	处理或死亡原因	畜禽标识编码	处理方法	处理单位（或责任人）	备　注

注：1. 日期：填写病死畜禽无害化处理的日期。2. 数量：填写同批次处理的病死畜禽的数量，单位为头、只。3. 处理或死亡原因：填写实施无害化处理的原因，如疫病、正常死亡，死因不明等。4. 畜禽标识编码：填写15位畜禽标识编码中的标识顺序号，按批次统一填写。猪、牛、羊以外的畜禽养殖场此栏不填。5. 处理方法：填写《畜禽病害肉尸及其产品无害化处理规程》（GB16548）规定的无害化处理方法。6. 处理单位：委托无害化处理实施场自行实施无害化处理的填写处理单位名称，由本厂自行实施无害化处理的由实施无害化处理的人员签字。

附件3

种畜个体养殖档案

标识编码：

品种名称		个体 编号	
性别		出生 日期	
母号		父号	
种畜场 名称			
地 址			
负责人		联系 电话	
种畜禽生产经营许可证编号			
种畜调运记录			
调运 日期	调出地（场）		调入地（场）

种畜调出单位（公章）

经办人：

年　　月　　日

中华人民共和国农业农村部监制